百大发明
百大考古发现
NAVY
DANGER
百大探险家
百大奇异动物
百大医学发现
百大人工奇观
百大自然奇观
百大灾难

百大灾难

文字　迈克尔·波拉德
图片　约辛·迈耶
设计　梅尔·雷蒙德
翻译　蒋长瑜　王　今

上海科技教育出版社

图书在版编目(CIP)数据

百大灾难/(英)波拉德(Pollard,M.)著;蒋长瑜,王今译.—上海:上海科技教育出版社,1999.9
(百大画库)
书名原文:100 Greatest Disasters
ISBN 7-5428-2004-4

Ⅰ.百… Ⅱ.①波… ②蒋… ③王… Ⅲ.灾难-世界-图集 Ⅳ.X4-64

中国版本图书馆 CIP 数据核字(1999)第 25693 号

百大灾难
文字/迈克尔·波拉德
图片/约辛·迈耶
设计/梅尔·雷蒙德
翻译/蒋长瑜 王 今

责任编辑/刘正兴
美术编辑/汤世梁

出版/上海科技教育出版社
(上海冠生园路 393 号 邮政编码 200233)
发行/上海科技教育出版社
经销/各地新华书店
印刷/深圳中华商务联合印刷有限公司
开本/850×1168
印张/7
印次/1999 年 9 月第 1 版 1999 年 9 月第 1 次印刷
印数/1-3 000
ISBN 7-5428-2004-4/N·267
图字/09-1998-098 号
定价/55.00 元(精)

目 录

导言 …… 8
二叠纪的生物毁灭 …… 10
尤卡坦的小行星撞击 …… 11
巴灵格陨石坑 …… 12
埃及的灾害 …… 13
莱格勒陨石雨 …… 14
通古斯卡火球 …… 15
安条克地震 …… 16
陕西省地震 …… 17
里斯本地震 …… 18
新马德里地震 …… 19
旧金山地震 …… 20
瓦尔帕莱索地震 …… 21
墨西拿地震 …… 22
关东地震 …… 23
安克雷奇地震 …… 24
唐山地震 …… 25
亚美尼亚地震 …… 26
神户地震 …… 27
克诺索斯宫的毁灭 …… 28
庞培的毁灭 …… 29
埃特纳火山喷发 …… 30
拉基火山喷发 …… 31
坦博拉火山喷发 …… 32
喀拉喀托火山喷发 …… 33
培雷火山喷发 …… 34
圣海伦斯火山喷发 …… 35
阿尔梅罗的毁灭 …… 36
史前大洪水 …… 37
黄河洪水 …… 38
北海洪水 …… 39
密西西比河洪水 …… 40
英国大风暴 …… 41
加尔各答气旋 …… 42
加尔维斯顿飓风 …… 43

20世纪70年代的孟加拉国气旋 …… 44
法夫飓风 …… 45
达尔文气旋 …… 46
欧洲的十月飓风 …… 47
20世纪90年代的孟加拉国气旋 …… 48
萨赫勒干旱 …… 49
澳大利亚干旱 …… 50
西班牙无敌舰队遇难 …… 51
塞浦路斯的蝗群 …… 52
伦敦大烟雾 …… 53
尼奥斯湖灾难 …… 54
伦敦大火 …… 55
芝加哥大火 …… 56
圣保罗大火 …… 57
澳大利亚丛林大火 …… 58
中国森林大火 …… 59
君士坦丁堡鼠疫 …… 60
黑死病 …… 61
美洲天花 …… 62
麦角中毒 …… 63
霍乱爆发 …… 64
爱尔兰饥荒 …… 65
葡萄根瘤蚜虫侵扰 …… 66
中国的旱灾和饥荒 …… 67
流行性感冒 …… 68
艾滋病 …… 69
欧洲的滥伐森林 …… 70
澳大利亚兔灾 …… 71
森亨尼特煤矿大爆炸 …… 72
美国圣华金河谷地面下沉 …… 73
美国尘暴 …… 74
“滴滴涕”灾难 …… 75
“反应停”灾难 …… 76
克什特姆大爆炸 …… 77
水俣湾污染 …… 78
维昂特水坝坍塌 …… 79
阿伯万滑坡 …… 80
戈伊纳水库地震 …… 81
塞韦索毒气泄漏 …… 82
“阿摩科·卡迪兹号”油轮漏油 …… 83
伊克斯托克海上油井喷油事故 …… 84
瑙鲁兹油田井喷 …… 85
博帕尔化学品泄漏 …… 86
巴塞尔化学品泄漏 …… 87
切尔诺贝利核事故 …… 88
派珀·阿尔法油井事故 …… 89
希尔斯伯勒足球场惨案 …… 90
“埃克森·瓦尔迪兹号”油轮漏油 …… 91
咸海 …… 92
水土流失 …… 93
亚马孙河流域森林破坏 …… 94
酸雨 …… 95
非洲雨林滥伐 …… 96
盐渍化 …… 97
臭氧层 …… 98
泰湾大桥坍塌 …… 99
“泰坦尼克号”客轮沉没 …… 100
昆廷希尔火车相撞 …… 101
“R101号”飞艇坠毁 …… 102
“兴登堡号”飞艇事故 …… 103
英国海军潜艇“忒提斯号”事故 …… 104
巴黎空难 …… 105
特内里费岛机场两机相撞事故 …… 106
“挑战者号”航天飞机失事 …… 107
菲律宾渡船与油轮相撞事故 …… 108
波罗的海渡船沉没 …… 109

导　　言

我们居住的地球似乎是一个非常稳定、非常安全的地方。在大多数时间里，万事的发生似乎都在我们的预料之中。然而，一个偶尔发生的事件会提醒我们，作为构成宇宙的数以亿计的天体之一，我们的地球在某些方面又是很脆弱的。地壳会移动和裂开，引起地震和火山爆发。恶劣的天气，例如飓风和洪水，会突然给我们带来可怕的灾害。要是被来自宇宙空间的其他天体如流星和彗星撞上，地球更是不堪一击。

本书描述的 100 起大灾难中，约一半可归结于同地球的地质、气候情况有关的大自然的力量。科学家通过对过去的火山喷发或对世界天气形态分析和研究后，发现有些灾难本来是可以预报的。例如，中国的黄河历史上曾周期性发生洪灾，每次都造成大量的人员伤亡。而另外一些灾难完全是突如其来的。有记录以来最强的地震之一，于 1811 年发生在美国密苏里州的新马德里。而在此之前，该地区历史上从未有过地震记载。谁也无法预见到，一个天外飞来的庞然大物会于 1908 年坠落在西伯利亚的通古斯卡附近，幸运的是无人丧生。这一件件突发的灾难表明，尽管我们对居住的地球已经了解得很多，它还是会出其不意地给我们以无情残酷的袭击。

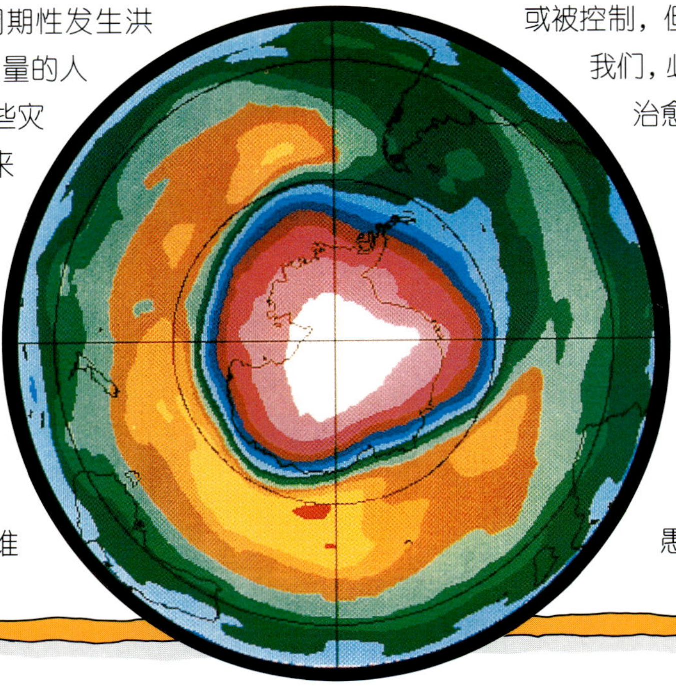

自然灾害也可以由别的原因引起。历史上的一些最大杀手就是各种各样因无法控制而横扫世界的疾病。当疾病的起因和传播途径还未被搞清楚时，这些传染病常常会延续数年，夺走无数青壮年劳动力的生命，留下羸弱饥饿、孤苦无援的老人和儿童，进而带来经济和社会的动荡。如今，在世界上大部分地区，腺鼠疫和霍乱之类的传染病已经被消灭或被控制，但艾滋病的出现提醒我们，必须继续研究开发能治愈新病的新药。

本书讲述的第三类灾难是由人类的活动引起的。除了战争——在人类历史上它夺去的生命超过任何一次自然灾难，人类本身的贪婪和愚昧所造成的灾难也是五花八门，不计其数。例如，我们对环境的破坏就已经使得大片土地荒芜，海洋被污染，大气和水源有被毒化的危险，稀有的动植物则濒临灭绝。这种危害大都是在漫长的岁月里缓慢地发生的，但偶尔的一次事故，例如 1984 年印度博帕尔化工厂的泄漏事故和 1989 年“埃克森·瓦尔迪兹号”油轮海上漏油事故，就使得人们立即将全部注意力集中到一件事情上，那就是为了全人类的利益，大家应该更加爱护这个世界。

迈克尔·波拉德

爱尔兰饥荒（前页左上图）、日本关东大地震（前页右上图）、臭氧层变薄（前页下图）、英国希尔斯伯勒足球场惨案（上图）和“泰坦尼克号”客轮沉没（下图），都可归入人类在过去数世纪中所遭遇到的灾难之列。

二叠纪的生物毁灭

（2.5亿年以前）

直到大约2亿年以前，地球上还没有一块被大洋分割的独立大陆，而只是一个连成一体的巨大陆块，地质学家们称之为“联合古陆”。在这片辽阔的大地上，到处都是各种各样的植物和动物。当时恐龙还未出现，主要的陆上动物是爬行类。最常见的植物是松柏类和蕨类。地质学家们称这个时期为二叠纪。

到二叠纪末，一场巨大的灾难突然降临地球。没有人确切地知道那时究竟发生了什么，但地球上四分之三的植物和动物却因此而灭绝了，约三分之一的物种消失了。一种理论认为，那时发生了巨大的地质隆起，造成陆地抬升或海平面下降。另一种推测是，大概在那时，联合古陆开始分裂成我们今天所知的各个大陆。巨大陆块的这种分隔，可能带来了气候的剧变，使得许多种动植物无法再生存下去。

在二叠纪，生物如此大规模地灭绝，可能为恐龙的进化铺平了道路。第一批恐龙出现在2亿~1.35亿年前，它们利用地球上适宜的条件，昌盛了1亿多年。

▼一颗小行星与地球碰撞，可能引起了某种灾难，导致二叠纪末生物的灭绝。

尤卡坦的小行星撞击

（6500万年前）

大约6500万年以前，一次重大的自然事件毁灭了地球上的许多生命。这次事件结束了恐龙时代，毁灭了地球上大多数的动植物。

1980年，加利福尼亚大学的路易斯·阿尔瓦雷斯教授提出了一个关于可能已发生了什么事件的新理论。他设想，地球受到一颗直径为6~14千米、体积庞大的小行星撞击；撞击地是在墨西哥的尤卡坦半岛。小行星以巨大的冲击力猛撞地球，产生一个庞大的陨石坑，大片尘云遮蔽太阳光线好多年。

植物死去了，接着以植物为生的动物(包括恐龙)也死去了。在整个变得昏暗的地球上，生命逐渐灭绝。

约形成于6500万年以前的岩石间的粘土层中含有大量铱，这是那颗小行星上所有的一种元素。所以，当时的大气圈可能含有小行星的尘土。

▲一头巨大的恐龙看着一颗体积庞大的小行星穿过大气圈，坠落在地球表面。

◀当植物死去，像虚幻龙（中间的一头）一类大型草食恐龙首先遭难；像霸王龙（前面的一头）一类的肉食恐龙不久也随着它们食物来源的消失而死去。

科学家们提出许多其他推测来解释恐龙的灭绝。这些推测包括从世界气候的突变到某一星体的爆炸，后者使地球笼罩在致命的放射线之中。

巴灵格陨石坑

（约公元前5万年）

在美国亚利桑那州沙漠中心的温斯洛镇附近，有一个巨大的碗形陨石坑，直径达1280米，深度为175米。它被称为巴灵格陨石坑或流星陨石坑。

巴灵格陨石坑约在5万年以前形成，当时一颗巨大的流星（一块宇宙岩石碎体）轰然撞击地球表面。这颗流星可能重达90万吨，直径100米。猛烈的撞击使坑口周边隆起，高出周围沙漠达40米。

在遇到地球大气层阻力时，大多数流星会燃烧或粉碎。科学家们认为，这颗流星如此之大，运行速度如此之快，以至它进入大气层后几乎没有减速，整块抵达地球。

撞击时，流星发生爆炸，岩石碎片散布在广大的区域。许多岩石碎片已被发现并得到鉴定，但是对陨石坑的挖掘显示，那里并没有属于那颗流星的大块陨石。

科学家们对流星体积的估计，是从陨石坑的大小推算得出的。

▲从亚利桑那州沙漠上空可清楚地看到巴灵格陨石坑的典型外形，以及它深陷的中心和稍微隆起的周边。

巴灵格陨石坑距离亚利桑那州的霍尔布鲁克只有大约96千米。1912年7月19日，那里发生了另一次令人惊叹的流星撞击。当地居民发现小石块如雨点般从天空落下，大为震惊。最后计数，总共有14000块石头。

◀巨大的巴灵格陨石坑与月球上的部分地貌十分相像。5万年前巨大的流星造成了这个陨石坑，但坑内却没有留下流星的痕迹。

埃及的灾害

（约公元前 1300 年）

《圣经·旧约》的《出埃及记》讲述了 9 次灾害对古埃及的打击，当时古以色列人在埃及是奴隶。《出埃及记》的故事讲道，灾害是上帝对法老的警告，叫他必须允许摩西（公元前 13 世纪古以色列人的领袖——译注）率领古以色列人离开埃及。

古代埃及人靠尼罗河生活。所以，第一次灾害——使河中鱼类死亡的污染，对他们已是严重的打击，但更糟的事还在后面。

因受鱼类腐烂的影响，蛙类离开河流，大批侵入住家，而蚊蝇在死鱼上大量滋生。苍蝇使牲畜传染上疾病，并使人患上皮肤病。接着，冰雹和暴风雨毁坏了庄稼，大风带来的成群蝗虫则把剩下的植物蚕食一空。最后，可能是由于发生了尘暴，天空昏暗，这种状况持续了3天之久。

▲这幅早期的图画显示的是《出埃及记》中所描述的冰雹和暴风雨。在接着的很长一段时期内，气候非常恶劣，其他灾难不可避免地接踵而至。

几个世纪中，尼罗河三角洲每年的洪水泛滥为埃及提供了肥沃的土壤。但是当三角洲上的城镇发展起来后，每年的洪水就成为很难对付的事。1970 年，在尼罗河下游的上端建成了阿斯旺高坝。这项工程为埃及提供了一个大功率的水电站，也结束了每年的洪水泛滥。

▼这幅取自早期德国基督教《圣经》的插图表明，苍蝇带来的瘟疫使所有的牲畜死去。

莱格勒陨石雨

(1803年)

1803年4月26日，在法国东北部巴黎以西约160千米的莱格勒村的人们，受到一场席卷村庄的暴风雨的惊吓。这不是通常的暴风雨，而是一场陨石雨，它沿着一条13千米长的轨迹倾泻而下。

2300多块石头雨点般落在莱格勒村，每块石头重量为7克～9千克不等。没有人员伤亡，但它对村民们来说是一场可怕的经历。陨石雨发生在白天，有许多目击者。有些人说，在陨石雨开始前，他们听到巨大的爆炸声，看到天空中明亮的光线。另一些曾捡起过石头的人说，当时石头还是热的。

法国物理学家让·巴蒂斯特·毕奥(1774年～1862年)进行了调查。他对一些陨石进行了分析，发现了这些石头的成分。他证实它们是来自外层空间的固态物质。而在那以前，许多科学家并不相信石头来自太空的说法。

自从莱格勒村的事件发生以来，世界各地不断有关于陨石雨的报道。据记载，最大的陨石出现在1912年7月19日美国亚利桑那州霍尔布鲁克附近。大多数陨石都很小，看上去就像一粒葡萄籽那么大。每块陨石都有一层黑色的外壳，那是它们在穿过大气层发生燃烧时形成的。

▼一道流星运行的轨迹划过夜空。其明亮的光线是当流星穿过地球大气层时，尘粒燃烧所产生的痕迹。

通古斯卡火球

（1908年）

没有人确切知道1908年6月30日拂晓在西伯利亚通古斯卡地区上空发生的事情，那是一场大爆炸，其威力相当于一颗核弹。在近代同类自然事件中，这场大爆炸最具破坏性。没有人看到爆炸发生，爆炸也没留下巨坑。通古斯卡地区位于北极圈附近的中西伯利亚，几乎无人居住，所以尽管许多驯鹿死去了，但没有人员伤亡。

最可信的解释是，通古斯卡火球由小彗星形成。它进入地球的大气层，在地球表面的上空爆裂。爆炸力使彗星的固体部分破裂成小碎片，有些碎片后来在土壤中找到。通古斯卡地区的森林遭到巨大破坏，在方圆几千米的范围内，成千上万棵树木被剥尽叶子和击倒。通古斯卡火球造成的破坏影响今天还能看到。

▲在中西伯利亚荒凉的地域，通古斯卡火球的爆炸只给驯鹿和树林带来了灾难。

非常幸运的是爆炸发生在荒无人烟的地区。类似的事件如果发生在人口稠密地区，那将会使成千上万的人顷刻间死去。

1947年，在西伯利亚又发生了一次类似的事件，但爆炸猛烈程度要小一些。一颗进入符拉迪沃斯托克附近大气层的流星，也在半空中爆炸。许多岩石碎片嵌入土中，后来科学家们对它进行了分析。

安条克地震

(526 年)

现属土耳其的安条克(历史地名,现称安塔基亚,在土耳其南部——译注),曾是拜占庭帝国最大的贸易中心,一座富有而显赫的城市。

公元 526 年 5 月 29 日,城里熙熙攘攘,挤满前来庆祝耶稣升天节的游客。下午 6 点钟刚过,正当大多数人在吃晚饭的时候,一阵剧烈的震动使安条克的许多建筑物,包括那华丽的教堂、金碧辉煌的王宫以及简陋的住房,哗啦一声都倒塌在地。

第一次震动后又发生了一系列余震,造成进一步的破坏,并引起了大火,安条克度过了恐怖之夜。一位观察者事后写道:"从天空落下的不是雨而是火。"

几乎所有的建筑物都毁坏了。城市引以自豪的金穹顶大教堂虽幸免于最初的震动,只是着了火,但 5 天后也倒塌了。25 万~30 万人在这次地震中丧生。当幸存者在废墟中一筹莫展之时,一伙匪徒进城大肆抢劫和屠杀,市民的家被劫掠一空。余震在安条克持续了 18 个月。

当余震过去后,安条克开始重建。但没过多久,公元 528 年 11 月又发生了地震,重建工作只好停顿下来。此后,安条克作为拜占庭帝国最大贸易中心的地位不复存在。

◀这块勾勒安条克地震的木刻是震后数百年制作的,它提供了这场灾难给城市带来彻底破坏的一些印象。

陕西省地震

（1556 年）

按死亡人数来说，人类历史上最大的自然灾害，是于 1556 年发生在中国西北部陕西省的地震。该省东有黄河，北有长城。其主要城市西安是当时中国的一个大都市，有 100 多万居民，也是那时世界最大的城市之一。

灾难是在夜里突然发生的，完全没有预兆。一场巨大的地震使这个地区摇动起来，中国广大区域都有震感。

不牢固的木质住房轰然倒坍，成千上万的人当场被压死。木屋碎片残骸落入炉灶引起了大火，火势在废墟中迅猛蔓延开来。

许多陕西人居住在松软峭壁上挖出的窑洞中，他们死于峭壁坍塌，还有许多人被山崩埋葬或被洪水冲走。一些小村庄因巨大的震动及随之发生的灾难而完全消失了。死亡人数估计为 83 万人。

历史上有记载的死亡人数超过 10 万人的大地震发生过 9 次，其中 6 次发生在中国，2 次在日本，1 次在印度。

◀这是一幅 17 世纪的地图，图下右方是中国。这场大地震在中国全国范围内都感觉到了。多年后陕西才恢复正常生活。

里斯本地震

（1755年）

1755年11月1日，一次巨大的地震使整个欧洲都感觉到了。这次地震是如此之强烈，以至远在2815千米之外的内陆湖泊的湖水都随震波而上下起落。但是与震中附近所造成的破坏相比,这算不了什么。

葡萄牙里斯本市是繁荣的港口和贸易中心，这次地震的震中就在该市西面的大西洋洋底。里斯本居民接连受到3次巨大的震动,他们事前并没有发现任何灾难的预兆。地震使城市建筑毁坏,燃起大火,大批人员伤亡。

接着发生了更糟的事，海底震波引起了海啸,毁坏了港口的船只,淹没了城市。

▲在1755年的大地震中，葡萄牙里斯本市的高大优美建筑物几乎没有一幢能幸存下来。许多人在建筑物倒塌时丧生。

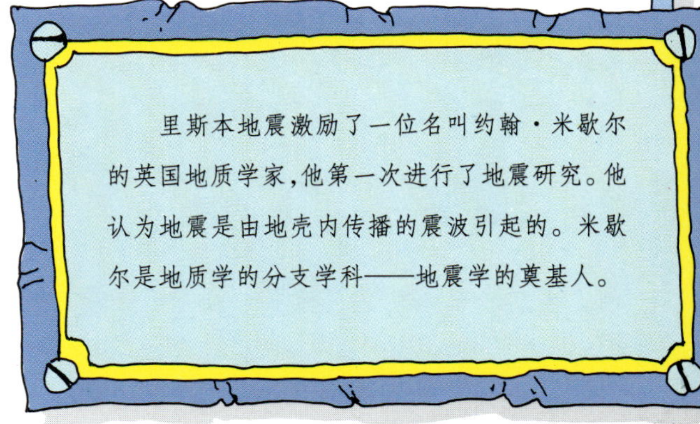

里斯本地震激励了一位名叫约翰·米歇尔的英国地质学家,他第一次进行了地震研究。他认为地震是由地壳内传播的震波引起的。米歇尔是地质学的分支学科——地震学的奠基人。

▼在里斯本地震的6万名罹难者中，可能大多数人是被随之而来的海啸吞没的。

新马德里地震

（1811 年）

1811 年 12 月，美国密苏里州小镇新马德里的居民正期待着圣诞节和新年的到来，全然不知道一场极其恐怖的地震即将降临到他们的头上。

12 月 16 日，一连串地震开始袭击这座小镇。新马德里并不属于地震多发的危险区域，镇上的居民以前从未经历过地震。这次震动如此强烈，以至全北美洲几乎在同一时间都感觉到了。震动使远在 1000 千米以外的华盛顿特区的教堂大钟响了起来。但是，新马德里的居民还没有来得及从第一次震动中恢复过来，更多的余震紧接着接连发生，其中的一次改变了附近密西西比河的几处河道。

地震平均每年使 1.5 万人丧生，造成数百万英镑的财产损失。据估计，人类历史上已有 1 亿人死于地震。

频繁的地震一直持续到 1812 年 2 月。至此，新马德里的木质住房都已化成碎片。人们担心地震会永远继续下去，便纷纷逃离小镇。许多家庭在别的地方定居下来，再也没有回来。新马德里地震可能是北美洲曾记录下来的最严重的地震之一。

▼这幅 19 世纪的地图，显示了密西西比河下游新马德里以及受那次地震影响最严重的地区。地震改变了密西西比河的河道。

旧金山地震

（1906 年）

加利福尼亚的太平洋海岸线与地壳中一系列裂隙即所谓的"断层"平行延伸。多年来，这些裂隙引发了许多次地震。但最严重的是在 1906 年 4 月 18 日拂晓，袭击旧金山的那次地震。

虽然在旧金山大地震之后的几星期内不断发生小的余震，但主震持续不到一分钟。就在顷刻之间，煤气总管道和电缆折断，引起了市中心的大火。在 700 名罹难者中，大多数是死于火灾而不是地震本身。

救援人员不得不拆掉大火周围的建筑物，形成很宽的隔离带，以制止火势蔓延。超过10 平方千米范围内的建筑物遭到毁坏。

加利福尼亚人始终处于对另一次大地震的恐惧之中。研究表明，大地震大致每 50～100 年发生一次。学校和医院定期举行地震演习，应急服务部门不断操练当地震再度发生时他们所需要的技能。

▼地震不可能被制止，但 1906 年的教训告诉建筑师们，要设计出更优良的能抗震的建筑物。

瓦尔帕莱索地震

（1906 年）

瓦尔帕莱索位于智利太平洋沿岸，是世界上地震多发地区之一。该城建在向海倾斜的陡峭山坡上，历史上曾多次（1731 年，1822 年，1839 年和 1873 年）遭遇强烈地震。

破坏性最大的那一次地震，发生在 1906 年 8 月 16 日。

那天夜里，出现了一次异常猛烈的雷暴雨。此后不久，地震突然降临。由于地壳隆起，海岸线上升 1 米多，使建有瓦尔帕莱索大多数住房的山坡变了形。

城市的三分之二被毁掉了，有 1500 人丧生，大部分居民无家可归。后来又发生了一场抢劫，政府迫不得已实施戒严令，才重新控制了局面。

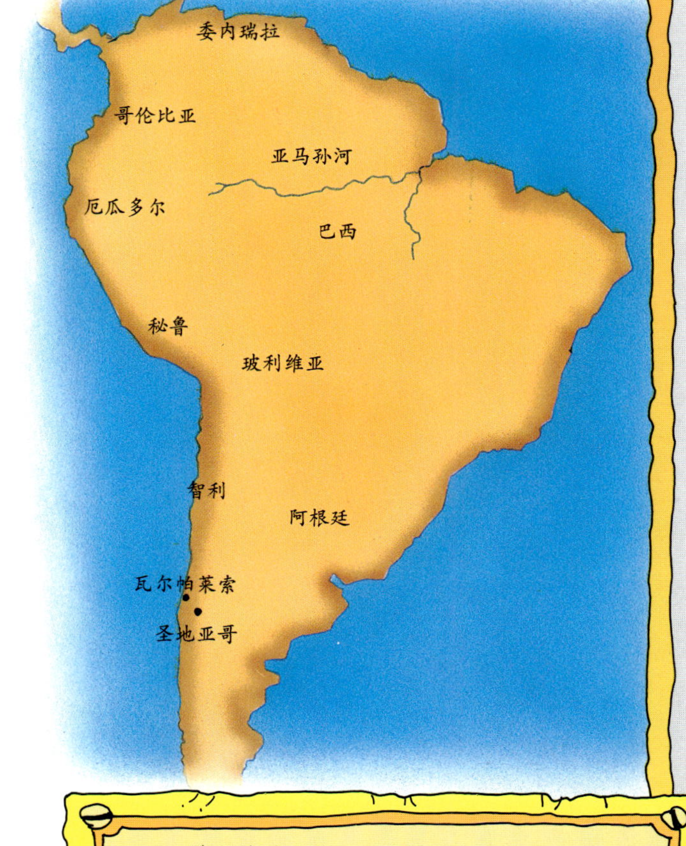

除了地震以外，瓦尔帕莱索自 1536 年建城以来已经历过太多的苦难。英国人曾两次攻占瓦尔帕莱索。在 1600 年和 1866 年，荷兰人和西班牙人先后洗劫该城。在 1891 年智利内战期间，瓦尔帕莱索变成一片废墟。

▼沿着瓦尔帕莱索湾滨水地带的商业区，几乎完全被毁。

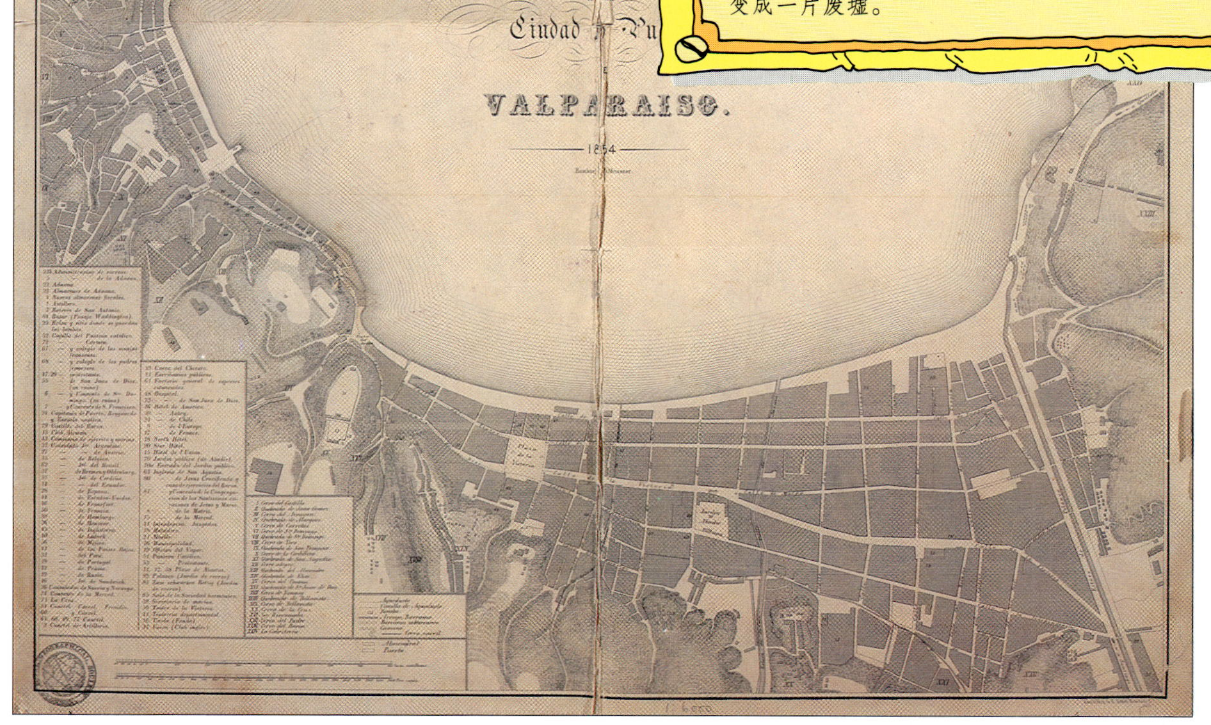

墨西拿地震

(1908年)

墨西拿是西西里岛第二大城市，位于该岛东北端，隔墨西拿海峡与意大利本土相望。在1908年12月28日发生灾难性事件以前，墨西拿是一座以风光旖旎闻名的城市。

那天清晨，墨西拿市遭到欧洲有记载以来最严重的地震而晃动起来。这次源自海底的地震，其破坏力遍及城市周围的农村地区，并越过墨西拿海峡影响到意大利本土的南端。在墨西拿和意大利本土的雷焦港（现称雷焦卡拉布里亚——译注），大地下陷了0.6米。

两座城市均被毁，而墨西拿人口的一半约7.5万人丧生。在西西里岛已成废墟的村庄里和在意大利本土，还有7.5万人丧生。

墨西拿海峡周围地区曾发生过一场可怕的连续震了6次的大地震，地震从1783年2月5日一直持续到3月28日。随后还有将近1200次余震，震力逐渐变弱，直到1786年10月，大地才恢复平静。

▼设立急救外科手术站以挽救地震受害者。

关东地震

(1923 年)

1923 年 9 月 1 日近中午时分，日本主岛本州相模湾海底发生了一次大地震。几分钟内，往北约 80 千米的东京和横滨市的许多建筑物都成了一片瓦砾。

在东京，许多家庭正在他们传统的炭炉上烧饭。地震使炉灶翻倒，引起了大火。火势从城市的木房屋蔓延开来。家家户户惊恐出逃，接着人们发现自己已被困在火墙与隅田川之间。蔓延的大火迫使他们跳入河中，数以百计的人淹死在河里。

第二个灾祸接踵而至——海啸从海洋席卷而来。几乎有 70 万住家毁坏或严重受损，死亡人数达到 13 万。

▼9 月 3 日，心有余悸的人们正在清除街上的房屋瓦砾等物。关东地震是日本迄今危害最大的一次地震。

关东地震使日本工程师和建筑师们认识到需要设计抗震的建筑物。他们的努力在 1987 年显示出来了，这一年东京遭受了一次大地震，但只造成 2 人死亡和 53 人受伤。

安克雷奇地震

（1964 年）

1964 年 3 月 27 日是耶稣受难节，阿拉斯加最大的城市安克雷奇阳光明媚。市民们或在郊外野餐，或在海岸外扬帆航行，欢度着假日。大约在下午 5 时 30 分，许多人还在城外，一场大地震使安克雷奇城摇晃起来。

震中位置在城东 130 千米左右的威廉王子湾，震动持续了 4 分钟。城市的主干道被一条宽 50 厘米的裂缝分成两半，一半下沉了约 6 米。阿拉斯加南海岸的悬崖滑入了海中。

地震发生后，海啸随之而来，把一艘艘船只抛上了内陆深处。

然而令人惊奇的是，虽然经历了这样一次毁灭性的地震和洪水，但仅仅只有 131 人死亡，远比料想的要少。

阿拉斯加是地壳中最不稳定的“环太平洋地震带”的组成部分，很容易突然发生火山喷发。1912 年，先前平静的卡特迈火山突然喷发，掀掉了山顶。这个地方现在是国家公园。

◀由于是假日，当地震发生时街上行人很少。尽管伤亡不大，但地震对安克雷奇乃至阿拉斯加所造成的经济损失还是很大的。

唐山地震

(1976年)

唐山是中国华北的一座工业城市，人口600多万。1976年7月28日，该市及周围地区遭受了一场大地震。大地剧烈地颤动，连160千米之外的首都北京的建筑物也晃动起来。这是中国近30年来危害最大的一场地震。

在许多奇迹般的生还者中有一位妇女，她从所住的旅馆逃出仅2秒钟，旅馆便断裂成两半，并坍塌了。由于惧怕还会发生更大的地震，大多数唐山人都转移到搭建在城外公路上供他们临时栖身的帐篷里。

地震确切的死亡人数可能永远是个谜。官方公布的死亡人数是14.2万，但一些西方专家认为数字可能要高得多。在丧生人数方面，唐山地震可能是中国第二大最具破坏力的地震。(根据我国有关资料记载，1976年7月28日3时42分56秒，河北省唐山市发生了7.8级地震。这次地震共死亡24.2万余人，重伤16.4万余人。——译注)

地震是由构成地球地壳的板块移动所引起的。板块移动多数出现在太平洋的东缘和西缘，这说明了中国、日本和南美、北美西海岸之所以如此易受地震之害的原因。

▼这条沿海铁路线的受损状况，表明了唐山地震的破坏力。

亚美尼亚地震

（1988 年）

1988 年 12 月 7 日上午 11 时 41 分，一阵巨大的震动摇撼了位于俄罗斯南部的亚美尼亚地区。斯皮塔克镇被完全夷平，全镇 2 万居民大多数罹难。造成如此严重破坏的地震实属少见。在离震中 48 千米的亚美尼亚最大城市列宁纳坎（现名居姆里，亚美尼亚第二大城市——译注），五分之四的建筑物被摧毁；在附近的基洛瓦坎城，几乎每幢建筑物都倒塌了。

地震造成的严重破坏遍及约 1.03 万平方千米内的乡村地区。官方公布的死亡总人数为 5.5 万；而据其他方面估计，死亡人数接近 10 万，50 万个家庭无家可归。

亚美尼亚对这次灾难毫无准备。建筑物像纸板搭的一样都倒塌了。没有合适的救援设备，在从其他地方运来器械之前，救援人员是徒手进行抢救工作的。

当亚美尼亚（前苏联的一部分）发生地震时，当时苏联的新当选总统米哈依·戈尔巴乔夫正在访问美国的途中。他立刻中断访问，回国亲自负责救援工作。

▼无家可归的人们只得在露天生火取暖。

神户地震

（1995 年）

神户地震是一场人人都认为不可能发生的灾难。日本第二大港神户是在第二次世界大战期间经受轰炸后重建的，所有的建筑物、桥梁和道路据说都能抗震。

1995 年 1 月 17 日清晨 5 时 46 分，神户的居民突然发现，那些断言是多么的不真实。强烈的地震摇撼了城市，使成千上万的建筑物变成瓦砾一片，大多数的建筑物严重受损。神户的道路和铁路线被折断和扭曲。在这次地震和随后的火灾中，有 5000 多人丧生，2.7 万人受伤，37 万人无家可归。

急救部门穷于应付，救援行动因缺乏电力和废墟上空烟雾弥漫而受到阻碍。大震后的数天内余震频繁，在幸存者中引起了新的恐慌。气温下降到零摄氏度以下，成千上万的人不得不在帐篷内避难。

神户要花数年时间才能重建，那里的经历已迫使全世界对地震的破坏力作出新的审视。

▲在神户，道路的毁坏（如图中这条高速公路）阻碍了急救工作的进行。供水主管道的毁坏使消防设施在许多地区不能使用。

神户的一只猫比成千上万的市民幸运，2 月 9 日，即大地震发生后 23 天，工人们在拆除一幢已毁坏的建筑物时，那只猫出现了。它还活着，而且未受伤，但很饿。

◀余震还在继续，从图中能看到巨大的烟柱从神户的建筑物上空升起。

克诺索斯宫的毁灭

（约公元前 1450 年）

在公元前 2000 年～公元前 1450 年间，地中海克里特岛上的克诺索斯宫是米诺斯文化的中心。在克里特岛以北约 110 千米处有一个火山岛，即桑托林岛(现称锡拉岛——译注)。

大约在公元前 1450 年，在桑托林岛和克里特岛发生了若干次破坏性极大的地质变动。人们不知道这些变动是间隔几年才发生，还是同时总爆发的。但是大家已知道，桑托林岛有过巨大的火山爆发，之后又遭海啸侵袭。桑托林岛上的居民点完全被熔融的岩流毁灭。同时，大量的火山灰云升入空中。而根据一些考古学家的意见，火山灰掩埋了克诺索斯宫。

可以肯定的是，当 20 世纪初克诺索斯宫被发掘出来时，考古学家们必须挖穿火山喷出的物质。他们还发现了受地震严重破坏的痕迹，地震可能是同一次地质变动引起的。有一种推测认为，地震可能先发生，使米诺斯人有时间离开克诺索斯宫，驾船逃跑。后来他们可能被海啸淹没。

事件发生的具体经过不可能知道，但这次灾难标志着米诺斯文化湮没的开始。

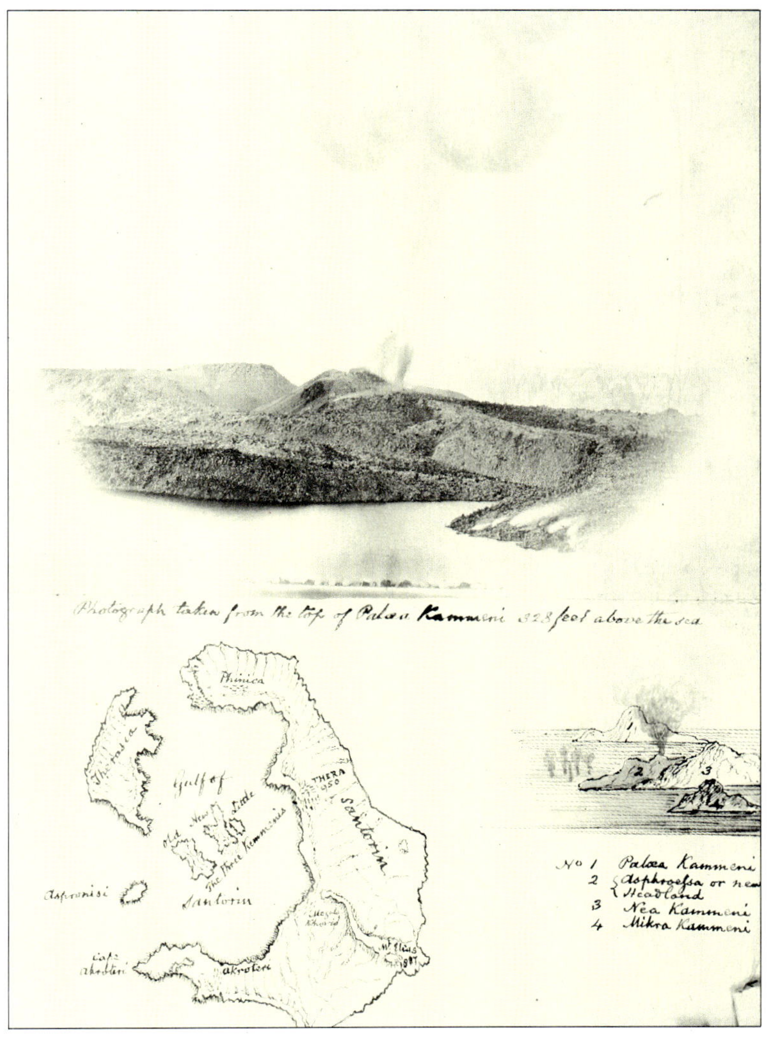

▲克里特岛以北的桑托林岛如草图和照片所示。出自该岛火山喷发的火山灰，被认为完全掩埋了宏伟的克诺索斯宫。

桑托林岛在历史上一直是火山喷发的场所。最壮观的一次是公元前 196 年的海底火山喷发，当时从海面喷射出的火焰持续了 4 天。这次火山喷发结束后，形成了一个新的岛屿。

庞培的毁灭

(79 年)

维苏威火山位于意大利南部，耸立在那不勒斯湾之滨。在它的山脚附近，古罗马人建立了庞培、赫库兰尼姆和施塔比亚三个城镇。罗马人没有理由为靠近维苏威火山生活或在它的山坡上耕作而担忧，因为以前维苏威火山从未喷发过。

公元 79 年 8 月 24 日大约中午时分，维苏威火山在没有预兆的情况下突然爆发。火山灰和火山砾一阵阵从维苏威火山喷出，约 4 米厚的火山灰层覆盖了庞培城。北面的赫库兰尼姆城被泥石流淹没；位于海岸边的施塔比亚城也遭受到同样的命运。

许多人来不及逃脱，他们在工作时被活活埋葬。有些人设法躲入地窖，但因熔岩和火山灰层的覆盖而窒息，也没有幸免。许多未困在建筑物内的人，则死于弥漫在空气中的令人窒息的毒烟。没人知道死了多少人，但单在庞培城已发现 2000 具骸骨。

庞培和赫库兰尼姆城一直深埋在地下，直到约 250 年前考古学家才开始发掘它们的遗址。

▲火山灰层保护庞培遗迹处于近乎完好的状况。我们所知道的许多关于古罗马时代的生活情景，是根据在庞培发现的遗迹复原的。

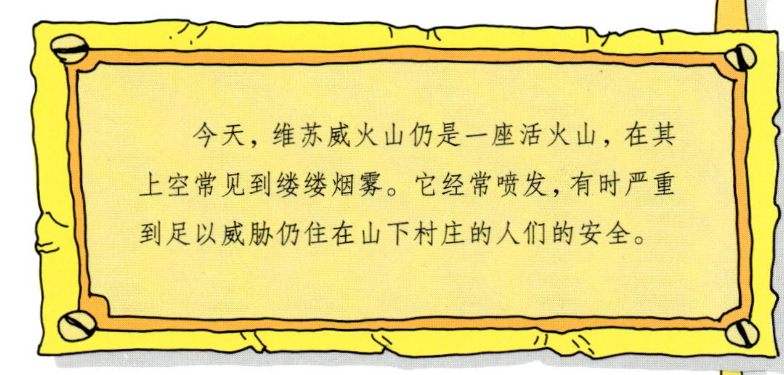

▼在这幅由 18 世纪法国画家雅克·安托万·沃莱尔所创作的画上，绘有大片炽热的熔岩和笼罩着的浓烟，使人看后对维苏威火山喷发时的情景留下深刻的印象。

埃特纳火山喷发

（1669 年）

埃特纳火山耸立在西西里岛东岸，海拔 3340 米，是一座喷发频繁的活火山。

危害最大的一次喷发开始于 1669 年 3 月 8 日星期五夜间。一阵地震后，从埃特纳火山内传出轰鸣声。在接下来的那个星期一，一天内就发生了 3 次猛烈的喷发。

重达 136 千克的巨砾被抛入几千米高空。炽热的火山渣落在周围乡村地区，毁灭了几个村庄。人们发现，在埃特纳火山的侧面，裂开了一条约宽 2 米、长 16 千米的狭长口子，熔岩流从裂缝中涌出，朝着附近的卡拉布里亚城流去。

正式公布的死亡人数为 2 万，但据有关方面估计，死亡总人数达 10 万之多。

▲这幅熔岩流照片是在埃特纳火山 1979 年喷发时拍摄的。1669 年，熔岩毁灭了离火山峰 28 千米卡拉布里亚城的很多地方。

古罗马人认为，埃特纳火山发出隆隆巨响和喷发是火神 Vulcan（武尔坎）发怒的表现，于是“volcano”（火山）一词开始进入语言。

◀这幅从卫星上拍摄的埃特纳火山的照片显示，火山峰的一侧被雪覆盖，而从火山冒出的缕缕烟雾和水汽则朝另一侧延伸。

拉基火山喷发

(1783 年)

冰岛是个多火山之地，岛上共有 100 多座火山，其中 25 座在近代喷发过。危害最严重的一次发生在 1783 年。位于冰岛南部一直休眠的拉基火山突然复活，把一股股火山灰喷射到空中，同时熔岩从火山流出，形成 32 千米宽的熔岩流，覆盖面积为 565 平方千米。

拉基火山位于远离居民点的山区偏僻地方，所以没有直接造成人员伤亡。但在数小时的喷发中，冰岛人意识到一场大灾难正在悄悄逼近。火山灰开始雨点般地降落在整个冰岛上，覆盖了地面，抑制了植物生长。庄稼被毁坏，牧场被破坏，1.15 万头牛、2.8 万匹马和 19.05 万只羊饿死。

接着来临的冬季对冰岛人来说是严酷难捱的。他们吃完了储备食品，发生了饥馑。全岛五分之一的人口——约 9500 人活活饿死。

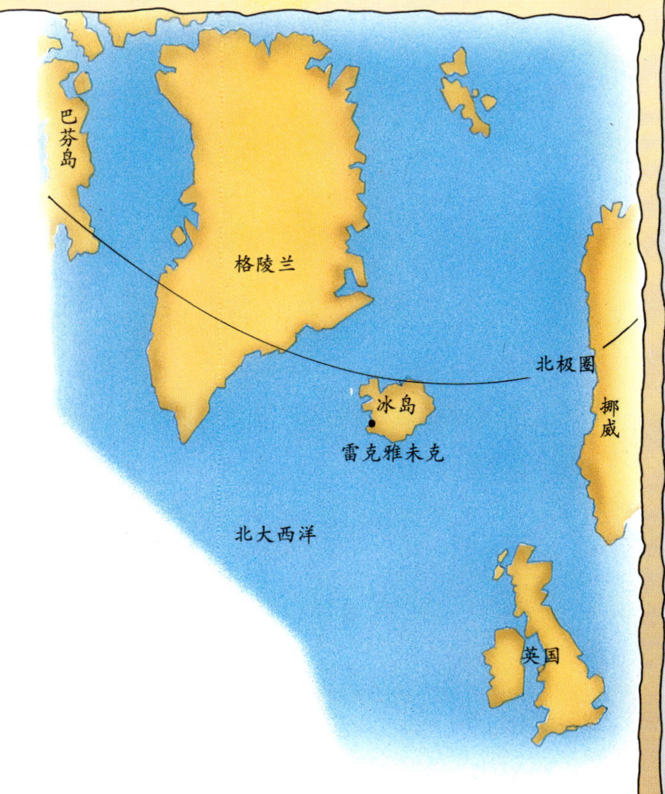

1963 年，冰岛西南方的海底火山活动产生了一个新的岛屿。一艘渔船的船员看到，大海仿佛在沸腾。不出一天一夜，一座新的火山岛出现了，它被命名为苏尔特塞岛。

坦博拉火山喷发

(1815年)

世界上几乎没有人可以免受坦博拉火山猛烈喷发的影响，该火山位于印度尼西亚境内爪哇岛以东的一个岛上。1815年4月，坦博拉火山爆发,影响了整个世界一年多的气候状况。

这次火山爆发，喷入空中的火山灰和碎石估计为170万吨。当烟雾消散以后,可以看到坦博拉火山已“喷掉了山顶”,其高度从4100米减为2850米。火山爆发的巨响在2500千米之外都能听到。

约1万名岛上居民当场死亡。火山喷发后，海啸接踵而来。接着，伴随而来的疾病和饥荒又导致8.2万人丧生。

同时，坦博拉火山喷出的火山灰在地球大气圈中形成一个层面，它遮挡了太阳进入整个地球的光和热。结果出现了有一段时期非常潮湿的天气,雪中带有红、蓝和棕色的尘土,落日呈现出鲜艳的色彩。

▲火山喷出的物质可以影响天气。在1816年，这种影响持续了很长时间，以至这一年被称为“没有夏季的一年”。

J·M·W·特纳(1775年~1851年)的风景画以运用色彩逼真著称。1815年,特纳创作了一系列为他带来声誉的画。人们认为,他的画对天空的描绘不同凡响,表现出坦博拉火山喷发对大气圈的影响。

▶这张坦博拉火山景色的照片摄自航天飞机,它显示的是火山顶部的火山口,直径约6千米。

喀拉喀托火山喷发

（1883 年）

印度尼西亚的喀拉喀托岛是一座火山岛，面积为 13 平方千米。在 1883 年春，喀拉喀托火山开始隆隆作响，并喷射出阵雨般的火山灰和碎石。但这种现象在当地很平常，并未引起人们的关注。

后来，隆隆声在 8 月 26 日变得更响了，雨点般落下的炽热物质造成了更大的威胁。两天后，喀拉喀托火山在一次大爆发中山体分裂，喀拉喀托岛的三分之二被毁。

岛上没有居民，火山喷发本身没有直接造成人员伤亡，但带来了可怕的后果。

喀拉喀托火山爆发和山体崩塌掀起高达 35 米的海啸，吞没了附近有人居住的岛屿，直奔爪哇、苏门答腊间的巽他海峡两岸。汹涌的波涛漫过了已毁坏的海堤，约 3.6 万人被淹死。喀拉喀托火山爆发产生的火山灰喷射入高高的大气层，整个印度尼西亚上空昏暗一片，全世界的落日都呈现出鲜艳夺目的色彩。

喀拉喀托火山的爆炸声是有史以来最响亮的声音。离火山 3620 千米之外的澳大利亚南部和西部地区，甚至在 4800 千米之外印度洋的罗德里格斯岛上都听到了这一巨响。

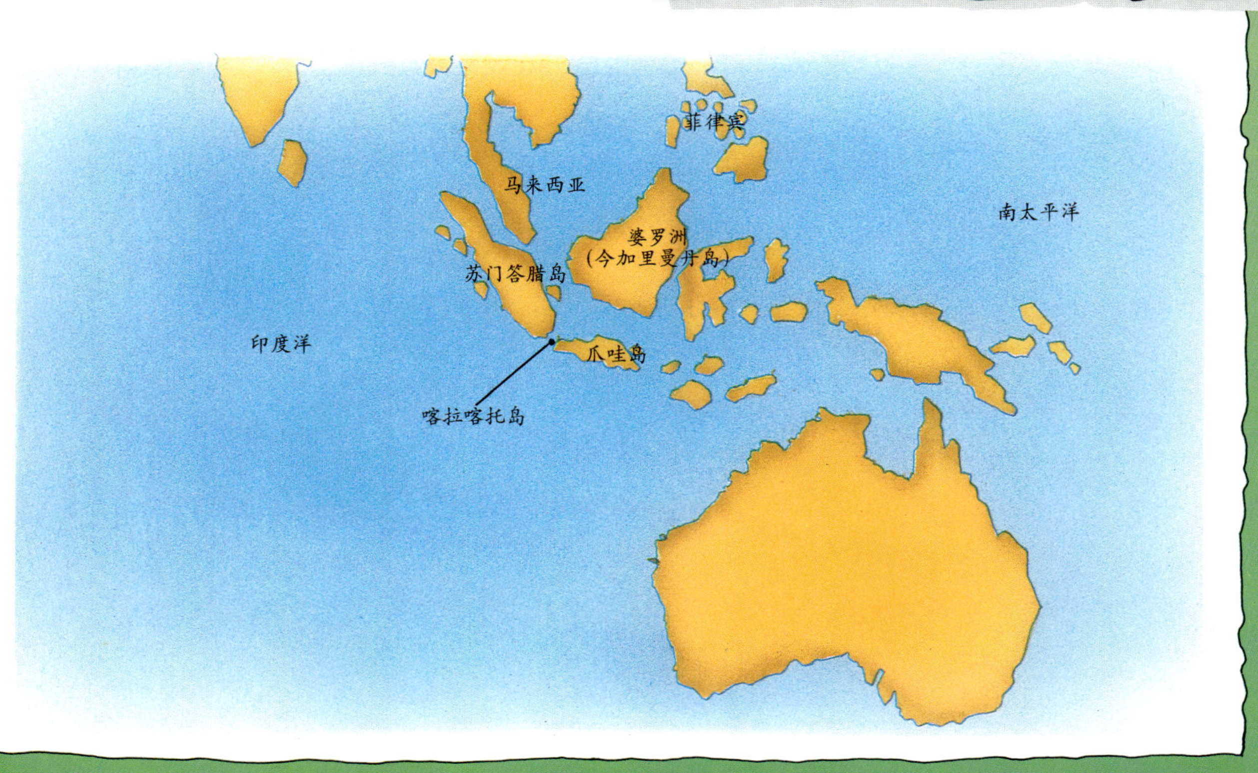

培雷火山喷发

（1902 年）

加勒比海马提尼克岛的培雷火山喷发，是造成死亡人数最多的一次火山喷发。培雷火山高 1350 米，耸立在马提尼克岛的北部。圣皮埃尔城离该火山约 8 千米。

1902 年 4 月，灾难的征兆已开始显露。当时，自培雷火山喷发出的火山灰雨降落在周围地区。一星期后，当从火山涌出的熔岩流经圣皮埃尔附近的甘蔗种植园时，约有 150 人丧生。

接着在 5 月 8 日，培雷火山猛烈地喷发，顺坡而下的熔岩流经圣皮埃尔，造成了 4 万多人丧生。

培雷火山喷发对马提尼克岛经济的破坏如此之大，人员伤亡如此骇人听闻，以致政府曾计划立刻让所有人员完全撤离该岛，但后来没有这样做。经济得到了重建，今天马提尼克岛有 32.7 万人口，大约是火山喷发前人口的 2 倍。

▲一阵阵火山灰雨和熔岩，加上一阵阵有毒烟雾，夺走了许多人的生命。后来发生的火灾使圣皮埃尔更多的人丧生。

▼熔岩使圣皮埃尔燃起大火，港内船舶除一艘幸免之外全部被烧毁。火山喷发彻底摧毁了这个大港口。

圣海伦斯火山喷发

（1980年）

美国西北部华盛顿州的圣海伦斯火山是旅游者熟悉的景点之一，圆锥形的峰峦及其颇有特色的雪冠，隆起在一片美丽的森林景观之上。1980年5月18日，圣海伦斯火山永远地改变了它的外貌。

人们已预料到可能要发生火山喷发，几个月来火山一直隆隆作响，火山上空不时出现小片水汽和火山灰云。但没有人预料到，圣海伦斯火山喷发会酿成如此巨大的灾难。

当火山爆发时，它掀掉了山顶，留下一个巨大的裂口。燃烧着的火山灰和有毒气体横扫整个风景区，沿途一切荡然无存。火山峰冰雪融化，挟带碎石、泥沙的水流冲入山下谷地。遭受破坏的地区绵延32千米。圣海伦斯山的高度从喷发前的2950米减至后来的2560米。洪水摧毁了桥梁，冲走了建筑物，但令人惊奇的是只有63人死亡。

▲圣海伦斯火山在1980年喷发期间，喷射出火山灰、热气和岩石碎块。

圣海伦斯火山地区现已成为美国国家火山的名胜地，政府为旅游者开辟了一条专用通道，也利用这个场所来教育人民，宣传火山喷发的危险性。

▼这张红外照片以粉红色和红色来显示火山灰，它表明了火山灰散布的范围。有600平方千米的森林被毁。

阿尔梅罗的毁灭

（1985年）

即使火山在无人居住的地区喷发，也常常会威胁到一定距离之外动植物的安全。哥伦比亚安第斯山区的鲁伊斯火山喷发时便发生了这样的情况。

在鲁伊斯火山附近无人居住，但约在50千米之外有一个阿尔梅罗镇。它坐落在拉拉古尼纳河谷地，该河的水来自鲁伊斯火山流下的山溪。

1985年某一天的下午，鲁伊斯火山喷发了，喷射入空中的火山灰高度达到8000米。灾难来临的最初征兆是火山灰开始雨点般地降落到阿尔梅罗的街上。当黑暗降临时，湍急的泥流从火山上奔泻而下，溢出山溪与河流迅速漫流。只有少数人来得及爬上屋顶，而阿尔梅罗镇2.3万居民中的2万人来不及逃脱。泥流涌入镇内，埋葬了许多居民及他们的住房。

这一切发生在仅15分钟内。第二天早晨，在阿尔梅罗镇上空飞行的救援人员报告说，仿佛这个城镇从来就没有存在过似的。

▲烟雾升入鲁伊斯火山上方的高空，这座火山毁灭了哥伦比亚的阿尔梅罗镇。

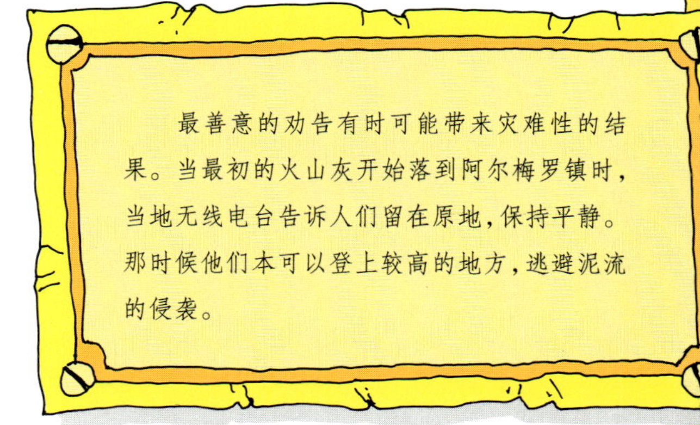

最善意的劝告有时可能带来灾难性的结果。当最初的火山灰开始落到阿尔梅罗镇时，当地无线电台告诉人们留在原地，保持平静。那时候他们本可以登上较高的地方，逃避泥流的侵袭。

▼1985年鲁伊斯火山喷发后，来自火山的泥流使阿尔梅罗镇最高大的建筑物变成了废墟。

史前大洪水

（约公元前 6000 年）

许多国家文化的传说中都有关于大洪水的故事，据说这场洪水发生在约 8000 年以前，或可能更早。《旧约全书》有挪亚（又译诺亚——译注）洪水的故事。在洪水泛滥期间，挪亚把每种动物的一公一母救入方舟内避难。类似的洪灾故事也出现在古代亚述人写在泥版上已达 5000 年历史的《吉尔伽美什史诗》中，出现在南、北美印第安人的传说中，以及夏威夷人和中国人的传统故事中。

这些故事内容都非常相似，因此专家们认为，它们描述的是同一次洪水，而这次洪水在公元前 5000 年以前的某个时间曾淹没了整个世界。有些传说讲述到猛烈的暴风雨、被困在山峰上的船舶（像挪亚的方舟）、被卷入大海的城市以及逃到高山洞穴求生的人们。

▲这幅关于洪水故事的伊斯兰插图取自 16 世纪晚期写就的一份手稿，画面为挪亚在方舟上。

有关大洪水的故事之一出自一块泥版上的记述。这块泥版保存在亚述国王亚述巴尼帕一世的藏书楼内。他从公元前 669 年～公元前 626 年统治亚述王国。1872 年，一位英国考古学家发现了已成碎片的泥版。他重新拼合了泥版，并发现泥版上有着与《圣经》挪亚故事非常类似的部分内容。

我们永远不会知道有关大洪水的任何细节，但看来好像是发生过一次巨大的自然灾难，或许是几次。古代人对灾难的记忆保存在他们的传说中，一直流传至今，成为今天我们文化和文学的组成部分。

◀在这幅取自 15 世纪英国祈祷礼拜书的图画中，动物在洪水开始退却后离开挪亚方舟。

黄河洪水

(1887 年、1931 年和 1938 年)

黄河以一个大 S 形弯曲流经中国北部，全长约 4800 千米（根据我国的水文资料，应为 5464 千米——译注）。黄河流程的最后四分之一段流过地势较低的肥沃平原，那里居住着无数中国人。

由于洪水灾害，黄河有时被称为“中国的忧患”。洪水常常夺去下游两岸许多人的生命，冲毁村庄。在 4000 多年中，中国人一直尝试通过筑堤和开凿水道引洪来保护这些居民区，但是黄河继续频繁地发生洪水泛滥。

洪水泛滥时，1887 年有 200 多万人死亡，1931 年约 300 万人丧生，1938 年 50 多万人被淹死。（据我国有关资料记载：1938 年，国民党军队为了迟滞日军前进，在郑州以北的花园口炸开了黄河大堤。这一丧心病狂的行径给中国人民带来了巨大的灾难，造成了 89 万人被淹死，1200 万人无家可归。——译注）

黄河得名于来自上游河段河水中挟带的黄色泥沙。当河流在下游平原上流速减慢时，这些泥沙便沉积在河床上，使水面抬高，因而增加了洪水泛滥的危险。

▲凶猛的黄河洪水有时能冲走整幢建筑物。

▶这是一座临时桥梁，人们借此越过黄河附近平原上的洪泛区。

北海洪水

（1953 年）

1953 年 1 月 31 日，一场风向为西北、时速达 203 千米的猛烈风暴，席卷了英国与欧洲大陆西部之间的北海。这一天又正值春季大潮汛。这两个因素的联合作用形成了一股冲击北海海岸的“涌浪”。

英国东部、比利时北部和荷兰南部的沿海低洼地区（其中许多地方低于海平面）原来都有堤坝或堤岸防护，但是海水冲破或漫过了堤岸。

灾难突然来临，人们来不及逃离。在比利时和荷兰有 1800 多人淹死，在英国有 300 多人失踪。成千上万个家庭无家可归。许多动物被海水淹死。咸水使土地在此后数年中不能种植庄稼。

只是由于海潮转向，洪水才没能从泰晤士河流入伦敦市中心，否则可能会造成数千人丧生。

▲在英国低洼的坎维岛上，住房几乎完全没入水中，居民不得不纷纷撤离。

地面排水以及利用地下水灌溉会引起地面下沉。英国东部的一些沼泽地带在过去的一个世纪中已下沉了 4 米多。开凿排水水道造成了泥炭土干涸和下沉。

◀洪水太强大了，许多建筑物整个儿被连根冲倒。这张照片是涌浪侵袭两天后拍摄的，当时水位已开始回落。

密西西比河洪水

（1993 年）

密西西比河一路曲曲弯弯向着墨西哥湾蜿蜒流去，沿途形成广袤的泛滥平原。它的流速很慢，沉积了一层层来自上游的淤泥。美国人称密西西比河为“大泥河”。它的三角洲是河水流向大海的入海口，这些水流来自落基山脉和阿巴拉契亚山脉之间广大的地区。

洪水泛滥总是这个低洼地区的一个问题。1717 年，为控制密西西比河水而建起了第一条堤坝，现在这类防洪堤总长已超过了 3200 千米。然而，密西西比河仍不时发生洪水泛滥。

1993 年 7 月，密西西比河流域经历了其 150 年来最严重的一次洪水泛滥。因暴雨而迅速上涨的河水冲破或漫溢三分之二以上的堤岸，造成至少 50 人死亡和 7 万人无家可归。河水淹没了 4.4 万平方千米的土地。自 7 月 4 日起洪水开始泛滥，但直到 8 月 10 日洪水才开始退落，密西西比河下游的居民这时才可以开始重建自己的家园。

▲这张密西西比河的伪色合成卫星照片摄于 1993 年 7 月，红色区表示洪水覆盖地区。

洪水泛滥与暴风雨的结合会给密西西比河平原带来突然的灾难。在 1927 年洪灾期间，阿肯色城的居民报告说，中午时大街上还是干的，但两小时后那些没有解开套具拉车的骡子已被淹死了。

英国大风暴

（1703 年）

1703 年 11 月 26 日夜间，英国的人们被异乎寻常的风暴惊醒。他们期望风暴将很快平息下来，但正如一位目击者所写的，风暴“以不可思议的、异常的猛烈”继续作恶。

大风暴席卷英国南部，肆虐了整整一天。风暴袭击了城市和乡村，大树被连根拔起，教堂尖塔摇摇欲坠，住房倒塌，给陆地和海洋都带来了严重的破坏。在德文郡海岸外，高出海面 37 米的埃迪斯通灯塔被狂风刮走，既是守塔人又是灯塔建造者的亨利·温斯坦利被淹死。丧生者总共 8000 多人，大多数是在自己家中当房屋倒塌时被压死的。

伦敦和布里斯托尔的许多建筑物被毁，以至这两个城市看上去就像战场一样。仅在肯特郡一地，就有 1.7 万棵树被刮倒。在萨塞克斯郡，洪水冲垮了乌斯河堤岸，该河河口沿海岸向西移动了 1.5 千米。

作家、记者和旅行家丹尼尔·笛福曾对大风暴作了亲眼目睹的详细报道。他后来以《鲁滨逊漂流记》成名，这部小说是根据一位遇难水手的真实冒险经历写成的。

▼这幅 19 世纪的画，让人想起那个大风暴之夜狂风肆虐的景象。

加尔各答气旋

(1737年)

气象学家用“气旋”一词表示风环绕低气压区急速旋转的一种气象规律。但在印度次大陆,“气旋”有它特殊的含义,表示一种中心为低气压区的猛烈风暴。在世界其他地区,这种风暴称为飓风或台风。

1737年,气旋袭击印度加尔各答市。当时加尔各答是印度最大的城市,建在胡格利河两岸。城市无计划地扩展,规划不善,沿着胡格利河下游河段延伸,这里已受到孟加拉湾潮汐的影响。许多住房建在低于高潮水位的地方。

当气旋从孟加拉湾席卷而来时,风速达到每小时200千米以上。被狂风掀起巨浪的海水沿着河流冲入内陆,淹没成千上万的住家。许多逃离住房的人们在户外的洪水中溺死,其他人则死在他们工作的地方。永远无法确切地知道有多少人丧生,但估计死亡总人数为30万。

▲这幅近年印度平原洪水泛滥的照片表明,气旋肆虐后的乡村必定是此种景象。

加尔各答地区和东面的孟加拉国已多次受到气旋的破坏。1864年,4.8万人丧生;12年后发生了甚至更猛烈的气旋,造成10万人死亡。在本书44页和48页你能读到给孟加拉国带来巨大破坏的两次气旋。

▶1978年,从俄罗斯宇宙飞船上看到的带有中心黑洞(“风暴眼”)的涡动气旋云。

加尔维斯顿飓风

（1900 年）

1900 年 9 月 8 日，美国历史上危害最大的飓风侵袭得克萨斯州加尔维斯顿市。该市位于一个岛上，由一条长 3.2 千米的堤道与大陆连接。

风暴越过墨西哥湾，风速达到每小时 217 千米，掀起 7 米高的排头浪。许多加尔维斯顿居民轻率地走到海边去观看，结果数以千计的人来不及逃离，被巨浪吞没，共有 6000 人丧生。风暴肆虐 18 小时后才向北转移，逐渐平息。

整座城市被毁。没有死于这次风暴的幸存者却开始死于饥饿和干渴。美国军队被派来向灾民提供食品和帐篷。到处都在发生抢劫事件，军队不得不采取严厉的措施以维护法律和秩序，25 名抢劫者被枪杀。

▲风暴卷起的巨浪破坏力极大，以至像照片中这座教堂那样的高大建筑也抵挡不了。

加尔维斯顿重建时，地面比以前填高约 4.5 米。建造了一条新的护城堤，它高出那次风暴时的高水位线，超过以前的高水位记录 2 米多。

◀加尔维斯顿的海滨地区完全被毁，许多木质房屋都倒塌了。

20 世纪 70 年代的孟加拉国气旋（1970 年）

孟加拉国几乎完全被恒河、梅克纳河和布拉马普特拉河这三条河流的低洼三角洲所覆盖。这里时常有风暴和洪水发生。1970 年 11 月 13 日午夜侵袭该地区的气旋是最猛烈的一次。

涌潮紧随着风暴而至，它从大海朝各河口涌入，冲垮了 25 个岛上的社区。当海水退去时，三角洲已变形。原来的河道被淤泥堵塞，形成了新的河道。

救援工作因该国发生了政治动乱而受阻。这意味着成千上万具未及时处理的尸体将污染水源，使疾病蔓延。庄稼被毁，人们开始死于饥饿。对死亡总人数估计不一，从 30 万至 100 万以上不等。

▲来自孟加拉国南部乡村的幸存者艰难地趟水过河，转移到安全的地方。

1970 年发生的气旋，标志着孟加拉国历史上一段恐怖时期的开始。1971 年内战爆发。内战结束后，该国又发生了一系列军事政变，给这个极需稳定的国家带来了混乱。

▼孟加拉国南部的一个农场及其被毁坏的建筑物。

法夫飓风

（1974年）

1974年9月18日，气象预报员称之为“法夫飓风”的气旋突然转向洪都拉斯。暴雨和时速超过177千米的飓风横扫大地。到风暴平息时，1.1万洪都拉斯人丧生，另有60万人无家可归。

生命和财产的损失大部分是洪水造成的。在一个叫乔洛马的城镇，堤坝在水和瓦砾的重压下溃决，全镇6000人中约一半被淹死。另一个城镇克鲁斯一拉古纳，连同它的1500个居民一起完全被水淹没。

洪都拉斯经济的基础——香蕉种植园的四分之三左右被毁。1.8万多平方千米的土地被覆盖了一层6米深的淤泥。成千上万的幸存者被困在房顶上、树上和堤坝上。道路、铁路和港口设施遭到了彻底的毁坏。

加勒比海地区的气旋季节是每年的6月～11月。美国飓风观察站给每一个气旋编上代号，有助于跟踪它的运行路线。气旋季节的第一个气旋取名以A开头，第二个气旋以B开头，按英文字母的顺序，依次类推。

达尔文气旋

（1974 年）

当澳大利亚北部地区首府达尔文的人们准备欢度 1974 年圣诞节时，气旋已越过澳大利亚与印度尼西亚之间的阿拉弗拉海正在向他们逼近。

在圣诞夜，气旋转向朝南，并加快了速度。午夜后不久，气旋侵袭了达尔文。到凌晨 1 时，达尔文大部分地区已断电、断水。机场上的飞机被时速 211 千米的狂风吹翻。到圣诞节那天早晨，整个城市已化为一大堆凌乱的瓦砾，几乎每个人都无家可归。就伤亡的情况而言，可以庆幸的是只有 49 人丧生。

城市毁坏得如此彻底，以至必须撤离所有人员才能进行重建。在随后的几天中，2.5 万人通过空运，另有 1 万人通过陆路，离开了该城。

一天 24 小时监测全世界天气状况的卫星，能通过当地无线电台和电视台，给危险地区的人们发出风暴警报。美国国家飓风监测中心的目标是，提前 12 小时发布飓风即将来临的警报。

▼气旋毁坏了达尔文大约百分之九十的建筑。狂风和随风飞扬的碎物片使道路很不安全。

欧洲的十月飓风

（1987年）

1987年10月15日，千百万英国人在睡觉以前，根据天气预报只以为那天晚上会是一个狂风之夜。他们准备经受一场狂风的冲击。

可是，猛烈的风暴沿西欧海岸上行，在向北吹时风力增强了。10月16日凌晨1时，狂风横扫法国北部。当风力加剧为强飓风，时速达到215千米时，风暴穿过了英吉利海峡。凌晨4时，风暴以接近每小时160千米的速度侵袭了伦敦。

屋顶被掀掉，道路堵塞，火车停驶，飞机停飞。飓风造成了18人死亡、数百人受伤和价值数百万英镑财产的损失。

▲这张卫星照片显示出英国上空的风暴。螺旋形风暴的中心见于照片右方。

飓风造成了巨大损失，包括伦敦基尤植物园内一批来自世界各地的稀有树种也被摧毁了。重栽的树木要生长200年，才能使植物园恢复原样。

▼在1987年10月的飓风中，许多大树被连根拔起。

20世纪90年代的孟加拉国气旋(1991年)

▲1991年，在孟加拉国易受气旋侵袭的河流三角洲四周，数千平方千米的土地淹没于水中。

1991年，孟加拉国的沿河平原又一次成为受灾之地，当时从孟加拉湾刮来的气旋猛烈地冲击没有防护的海岸线。25万多人死于这次风暴及其所造成的后果。

4月30日，时速230千米的狂风掀起了高达6米的巨浪，从大海沿着孟加拉国整个海岸滚滚而来，巨浪伴随着暴雨。

几千平方千米等待收割的庄稼毁掉了，很多社区整个被冲走。数百万人困在洪水中，没有食品、饮水、衣被、帐篷和医疗设备，周围漂浮着牲畜的尸体。

洪水毁掉了庄稼，引起了饥荒。孟加拉国人口的十分之一，即约1000万人流离失所。很多幸存者因喝了受污染的水，引发了霍乱病。

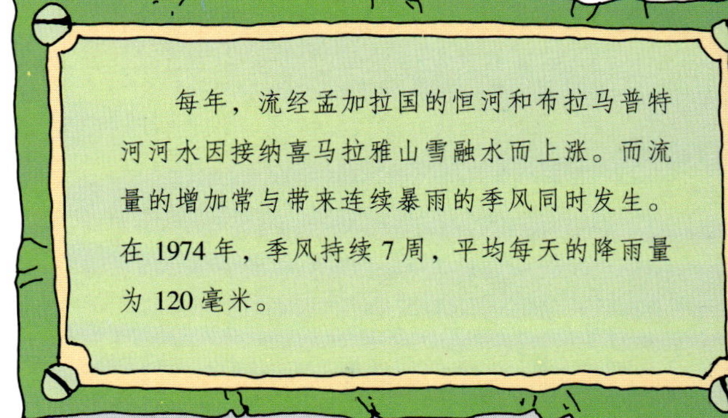

每年，流经孟加拉国的恒河和布拉马普特河河水因接纳喜马拉雅山雪融水而上涨。而流量的增加常与带来连续暴雨的季风同时发生。在1974年，季风持续7周，平均每天的降雨量为120毫米。

▼在气旋引起的洪水泛滥期间，许多人被迫住在船上。

萨赫勒干旱

（1970 年开始）

萨赫勒地区位于撒哈拉大沙漠以南，西起毛里塔尼亚，东到埃塞俄比亚，横贯整个非洲大陆。在 20 世纪 60 年代末以前，这片土地尚能为当地居民提供过得去的生活条件。数年干旱以后，接着往往会有数年高于平均降雨量的时期。雨水提供了较好的收成，为歉收年作了储备。

但是，从 1970 年以来再也没有好年景了，每年都发生干旱。草原枯死，作物歉收。动物找不到食物，萨赫勒地区的人民也已处于饥荒的边缘。在 1985 年和 1986 年，萨赫勒地区有 100 多万人死于饥饿和疾病。

国际救援工作虽已展开，但这项工作受到了运输问题和内战的阻碍。

萨赫勒地区许多仍有能力迁移的人们都搬迁到城市去了，造成了城市的卫生和住房问题。自 1960 年以来，毛里塔尼亚首都努瓦克肖特的人口，已从不足 2 万人增加到约 40 万人。

▼问题太多了，单靠紧急提供食品不能解决问题。世界上的富国应该帮助萨赫勒地区人民找到对付气候变化的长期解决办法。

澳大利亚干旱

（1990年开始）

澳大利亚的农民对于恶劣的气候条件早已习以为常。1990年，当干旱开始影响昆士兰州时，他们预计干旱不久就会结束。但这一次他们错了。天空总是万里无云，烈日当空，滴雨不降。

4年后，昆士兰州和相邻的新南威尔士州仍被百年未遇的严重干旱笼罩着。农业受到严重的影响，以至不得不进口小麦。自澳大利亚被殖民开拓以来，这是仅有的第二次。1994年棉花收成只有两年前的一半。数百万只羊面临着被屠宰，因为没有足够的水可供它们饮用。

数以百计的农家被迫离开自己的土地，试图在城市寻找工作。但是，许多人连这也办不到，因为干旱给他们背上了沉重的债务。

▲许多湖泊（如图上这个盐湖）和水井都干涸了，不得不从其他地方引水。袋鼠和其他动物将草地啃得光秃秃的，土壤在风暴中遭受吹蚀。

澳大利亚前一次严重的干旱发生在1982年和1983年，澳大利亚人称之为“大干旱”。两年没有下雨，但当雨来临时却又是倾盆大雨，造成了10年中最严重的洪灾。

▼在这个地区留有一些植被，它能防止土壤被风刮走，但地面仍是干枯的。

西班牙无敌舰队遇难

（1588 年）

到 1588 年夏末，西班牙入侵英国的企图失败了。1588 年 7 月 29 日，西班牙无敌舰队（由 130 艘舰艇和 3 万官兵组成）从西面进入英吉利海峡。10 天后，在法国海岸外，一支为西班牙舰队一半规模的英国舰队向西班牙发动了毁灭性的攻击。

许多西班牙战舰受到重创，幸存的战舰不敢冒险经英吉利海峡撤回西面，于是他们经向东的一条航道行驶，打算沿着苏格兰海岸，进入大西洋。

受损的舰队抵达苏格兰西北岸的拉斯角时，遇到猛烈的大西洋风暴掀起的第一波巨浪。战舰漏水、损坏，船员饥饿、生病，他们孤立无援地在海上随风漂泊。

许多战舰撞上了岩石；另一些战舰进水下沉，消失在浪涛之中。风暴狂吹了一个月。还有一些战舰在爱尔兰海岸外失踪，数千人淹死。许多好容易登上爱尔兰海岸的幸存者也被杀死或饿死。在 130 艘开赴英国的西班牙优良战舰中，仅有一半艰难地回到西班牙。

▲这幅 1588 年的地图显示，英国南部海岸外的英国战舰正在追击西班牙舰队。英国战舰较小，操纵灵活。

许多西班牙水手不止一次地遇到船舶失事。两艘失事船的船员们拥向第三艘船“吉罗纳号”。船长载着船上 1300 人继续航行，不料船猛撞到岩石上，除 10 人外全部丧生。

◀西班牙人对咆哮的大风没有准备，当他们进入大西洋时遇上了风暴，许多战舰很快沉没。

塞浦路斯的蝗群

（1881 年）

蝗虫是属于蝗科的昆虫，在世界许多地区都可见到，而在东南亚和非洲尤为普遍。它们体长约 5～11 厘米。当天气条件适宜于它产卵时，大量的幼虫便生成了。

它们聚集在一起，形成巨大的蝗群。然后，这些蝗群四处飞行，寻找新的产卵地。它们停留下来时，会彻底毁坏植物。

1881 年，一次最严重的蝗灾袭击了地中海的塞浦路斯岛。蝗群来自北非，它们停留在塞浦路斯岛上产卵，对农作物造成了巨大的破坏。当卵孵化和幼虫开始进食时，情况似乎变得更加严重。

当地人赶紧集合起来收集蝗虫卵，避免再遭受侵袭。人们总共收集和消灭了 1300 吨蝗虫卵。

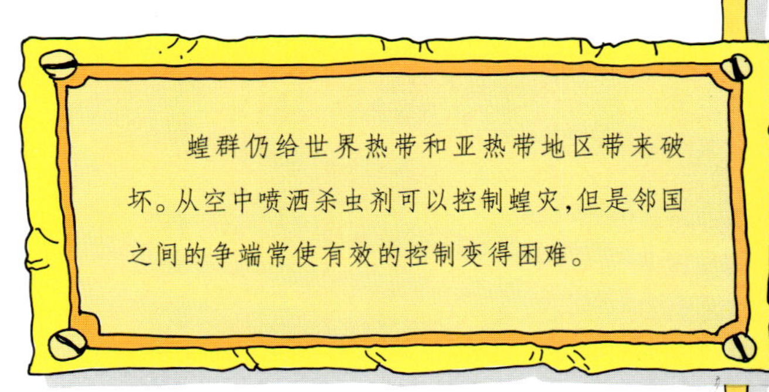

▼一个蝗群可有 10 亿只蝗虫，覆盖面积达到 30 平方千米，飞行数百千米。蝗群的到来往往意味着农业区作物的毁灭。

伦敦大烟雾

(1952年)

与1952年的状况相比，今天的伦敦是一座净化的城市。那时候，伦敦有燃煤发电厂，离市中心不远处有许多工厂。大多数住家用烧煤来取暖。以煤为动力的蒸汽机车拉着一节节列车开进首都。对小汽车和卡车产生的废气几乎没有控制措施。

从所有上述的这些污染源产生的碳、硫化合物和其他化学烟雾，充满在空气中。在多雾的天气条件下，化学物与雾混和，产生污染严重的"烟雾"覆盖层。这就是1952年12月5日发生的事情，当时大片雾云降临伦敦。

雾云在城市上空悬浮了5天，逐步变得更脏和更有毒。伦敦市中心空气中的烟雾量几乎增加了10倍。

烟雾使数千受害者患了支气管炎、气喘和其他影响肺部的疾病。最后，到12月10日烟雾散去时，估计已有4000人死亡，其中多数是年长者。

▲伦敦的交通几乎瘫痪。如图，在烟雾弥漫的第4天，一辆双层巴士只能借助于雾灯缓慢地在市区行驶。

今天，烟雾的主要起因是机动车所排放的废气的污染。像洛杉矶、墨西哥城等大城市内，烟雾一直悬浮在空中。使用无铅汽油和安装机动车排气催化转化器，有助于减少受这种污染而损害健康的危险。但是，这仍是一个有待解决的严重问题。

◀1952年，伦敦的警察使用燃烧着的火炬，以便在烟雾中能看清别人，并能被人看到。

尼奥斯湖灾难

（1986年）

1986年8月21日，非洲中西部喀麦隆的尼奥斯湖周围乡村的人们以为，他们睡觉前所听到的声音只是雷声。但是，他们所听到的是严重得多的事故发出的声音——到次日早晨，1700人将因此而死去。

尼奥斯湖位于一座死火山的火山口内，在湖面下地壳深处存在着熔岩。村民们听到的“雷声”是地下火山爆发的声音，它散发出的有毒的二氧化碳气雾，升到湖面时噗噗冒着泡。

可能由于气压变化的缘故，无色无臭的气体没能升空消散，而是紧贴地面扩散，遍及湖边的乡村。许多人家和牲畜在入睡时窒息而死。在某一个村庄，700人中只有两人幸免于难。

尼奥斯湖灾难直到两天后才被发现。当时一位政府官员前去调查一个旅行者的传闻，他发现这个地区很安宁，而且死一般地寂静。接着，他惊恐地意识到，这里的一切，包括人、牲畜和其他任何生物，甚至昆虫，全死掉了。

▲今天的尼奥斯湖重又恢复了平静，安卧在非洲喀麦隆的一个火山口中。

世界其他地区也有继续散发气体的死火山，意大利那不勒斯附近的索尔法塔拉火山便是一例。该火山最后一次喷发约在900年以前，但是蒸汽和毒烟如今仍不断从火山升起。

▶尼奥斯湖灾难发生以后，喀麦隆政府派部队前去埋葬尸体。他们戴着防毒面罩，以免受到残存毒烟的侵害。

伦敦大火

（1666 年）

1666 年 9 月 2 日星期日凌晨 1 点左右，伦敦市普丁巷有一间面包铺失火。一阵大风将火焰很快吹过几条全是木屋的狭窄街道，然后又进入了泰晤士河北岸的一些仓库里。

大火席卷了整个城市，所到之处一切都被焚毁。数十万伦敦居民逃往市北的山中避难。

军队被调来拆房屋，以形成一条火焰不能穿越的隔离带，但这一办法未能奏效。直到第 4 个夜晚风停了，大火才熄灭。

这场大火造成的损失非常惨重。古老的圣保罗大教堂、87 座教区教堂、许多重要的商厦、无数的店铺以及 1.3 万多间民房都被毁掉了。庆幸的是死亡人数很少。

▲大火所造成的损失十分惨重，为了重建该市花了整整 50 年的时间。

1712 年，由克里斯托弗·雷恩爵士所设计的一座新的圣保罗大教堂落成。富丽堂皇的圆形屋顶使它成为伦敦最著名的标志性建筑物之一。在第二次世界大战对伦敦的多次空袭中，这座大教堂均幸免于难。今天，在伦敦市的现代建筑群中，它仍为人所注目。

▼这幅地图显示了大火所毁坏的区域，老城区仅五分之一安然无恙。

芝加哥大火

（1871 年）

芝加哥市位于美国中西部的伊利诺伊州。在 1831 年 ~ 1871 年间，它发展成为一座主要城市。城市发展的同时，兴建了许多简易木屋，以供外地迁入的定居者入住。

1871 年夏季，天气干燥。10 月 8 日这天，该市西区发生了火灾，大火随风穿过木质建筑，飘过市内河流，使该市的南、北两面都着了火。

在南面，曾使用火药来炸掉火焰所经路径内的房屋，成功地筑成了一道隔火带。可是在北面，火势猛烈，直到 27 小时后才被雨浇灭。到此时为止，已有 250 人丧命，10 万人无家可归，1.7 万多间房屋被毁。

为了逃避火灾，数以千计的芝加哥人在恐慌中逃到密歇根湖岸边。有些人因担心烈火一直会烧到湖岸边，便跳入湖里，最终被淹死。

▼芝加哥被大火所毁，木质建筑受损惨重。重建这座已夷为平地的城市大约花了 3 年时间。

圣保罗大火

（1965 年）

圣保罗是巴西最大的城市，并且是主要的商业中心。20 世纪 60 年代，该市迅速发展，为办公人员提供工作空间的需求首当其冲，但却忽视了对安全问题的考虑。

1965 年，一座设计时没有考虑防火问题的摩天大楼失了火。火先从大楼较低的一层开始。当有人发觉大楼失火时，火势已不易扑灭。楼梯和电梯通道起了烟囱的作用，使火焰迅速向上冲。在两分钟以内，这座大楼的下面 10 层都着了火。

在大楼上面几层工作的人们都被火封住。他们在恐慌中逃到屋顶，希望消防队或直升飞机来营救。但是火势蔓延实在太快，仅在 20 分钟以内便有 227 人丧命。

圣保罗大火系由电器跳火引起的，最初只是个小火星。但当热气体接触了新鲜氧气（恐怕是因有人开门放进来的）爆发成火焰时，火势已难以遏制。从那一刻起，摩天大楼里的人们便遭殃了。

▼大火以惊人的速度蔓延，尤其是在干燥的林地。

澳大利亚丛林大火

(1983 年)

在 1982 年和 1983 年，澳大利亚遭受了严重的旱灾，数千平方千米的草地和森林由此而干枯了。

1983 年 2 月，一件什么东西——也许只是一个丢掉的香烟头，使墨尔本市附近的一片桉树林区着了火。很快，整个森林变成了一片火海。火焰以不可阻挡之势从三面逼近墨尔本。墨尔本郊外的马西登是个建有许多木屋的小镇，顷刻间化为一片焦土。

到大火熄灭时，已有 75 人丧生，约 3300 平方千米的树木和庄稼被毁。

▲桉树内含有油分，它起了燃料的作用，使大火持续燃烧。

森林火灾经常对澳大利亚许多区域构成威胁。当植被干枯，夏季风吹来而扇旺火焰时，其威胁程度大大增加。由于深知其危险，整个社区一旦失火，居民们都志愿来协助救火，并对专业的消防队员提供援助。

▼1982 年，澳大利亚丛林地带的土地非常干燥，一个火花便足以使丛林着火。

中国森林大火

（1987年）

这是1987年初夏一个多风的日子，那天中国东北森林里有一名工人正在使用一台切割机在清除一片灌木丛。他并不知道那台机器正在漏油。油着火了，也许是被哪个粗心大意者丢掉的香烟头点燃的，由此引发了一场火灾。

火借着强风，很快失去控制。一天之内，形成了长达180千米的烈火地带，在森林中向前推进。5个小镇夷为平地，约有200人在火灾中丧命，6000平方千米的森林被毁。

从各地调来了灭火专家，并有5万名军人前来支援。一道宽120千米的隔火带在森林中开辟出来。同时，飞机在火焰上空喷洒人工造雨的化学品。大火终于被扑灭，但已经烧掉大量的木材储备，并使这块土地几年内无法利用。（据我国有关资料记载：1987年5月，中国东北的大兴安岭发生了一起建国以来毁林面积最大，伤亡人员最多，损失最为严重的特大森林火灾。过火面积1.01万平方千米，烧毁存材85万立方米，各种设备2488台，受灾群众10807户、56092人，死亡193人，受伤226人，直接损失约为84.75亿元。——译注）

▲世界各地的林区通常都贴有如图中所见的防火警告字样。在干旱天气时，小小火花便能导致一场大火。

很小的火花，甚至透过破瓶的一束阳光，如遇强风，也能引发一场毁灭性的森林大火。这种危险在秋季最为严重，那时大地上铺盖着干枯的叶片、针叶和松果。

君士坦丁堡鼠疫

(542年)

公元542年4月，拜占庭帝国（即东罗马帝国——译注）首都君士坦丁堡（土耳其首都伊斯坦布尔的旧称——译注）的市民们焦虑万分。许多人突然发烧，接着出现了红肿和剧痛，甚至有人发了疯。患者带有妄想症，一些患者以为那些照料他们的人实际上是想杀死他们。

原来他们所感染的疾病是淋巴腺鼠疫，这种病正在地中海东部一带蔓延。它还在拥挤的君士坦丁堡街道上迅速扩散。照料鼠疫症患者的人都弄得精疲力竭。

这次鼠疫在该市肆虐了4个月。在高峰时每天有1万人死于该病。埋葬死者的人手不够，那些来不及掩埋的尸体助长了疫病的扩散。

到8月份，发病人数开始下降，尽管在接下来的冬季里继续有人染病。许多病愈的人仍留有终身后遗症，如语言障碍或身体部分瘫痪。

西方世界初次出现淋巴腺鼠疫是在公元1世纪，当时鼠疫在利比亚、埃及和叙利亚等国蔓延，后又扩散开了，遍及罗马帝国各地。该病使欧洲受害达15个世纪之久。

▼这幅镶嵌图所绘的拜占庭帝国贾斯廷尼皇帝曾患鼠疫病，但他恢复得很好。他的病情对臣民是保密的。

黑死病

（1348年～1390年）

1348年，一种被称为瘟疫的流行病开始在欧洲各地扩散。该病从中国沿着商队贸易路线传到中东，然后由船舶带到欧洲。（据我国有关资料记载：14世纪，鼠疫大流行，当时称为“黑死病”，流行于整个亚洲、欧洲和非洲北部，中国也有流行。在欧洲，黑死病猖獗了3个世纪，夺去了2500万余人的生命。——译注）

黑死病的一种症状，就是患者的皮肤上会出现许多黑斑，所以这种特殊的瘟疫被人们叫做“黑死病”。对于那些感染上该病的患者来说，痛苦地死去几乎是无法避免的，没有任何治愈的可能。

引起瘟疫的病菌是由藏在黑鼠皮毛内的蚤携带来的。在14世纪，黑鼠的数量很多。一旦该病发生，便会迅速扩散。在1348年～1350年间，总共有2500万欧洲人死于黑死病。但是，这次流行并没有到此为止。在以后的40年中，它又一再发生。

因黑死病死去的人如此之多，以至劳动力奇缺。整个村庄被废弃，农田荒芜，粮食生产下降。紧随着黑死病而来的，便是欧洲许多地区发生了饥荒。

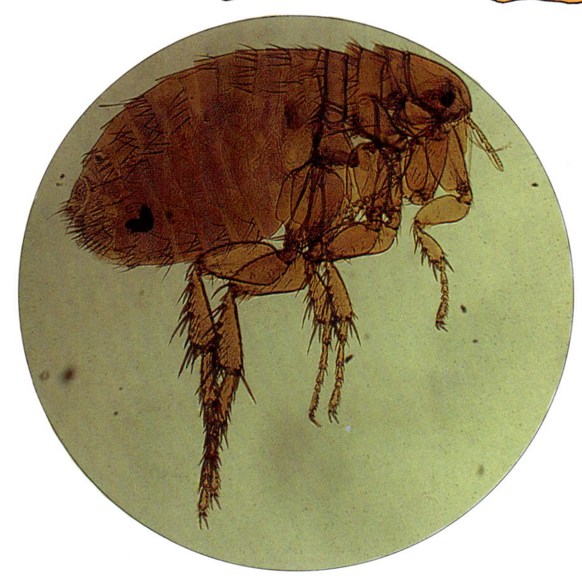

▲印度鼠身上的蚤，是致命的瘟疫或称“黑死病”的传播者。

据统计，黑死病使当时欧洲人死去三分之一，但这对猫来说却是个好消息。猫以前往往与巫术和罪恶连在一起，但此时因它们具有捉鼠的本领而大受欢迎。可是一旦黑死病结束，猫又将失宠了。

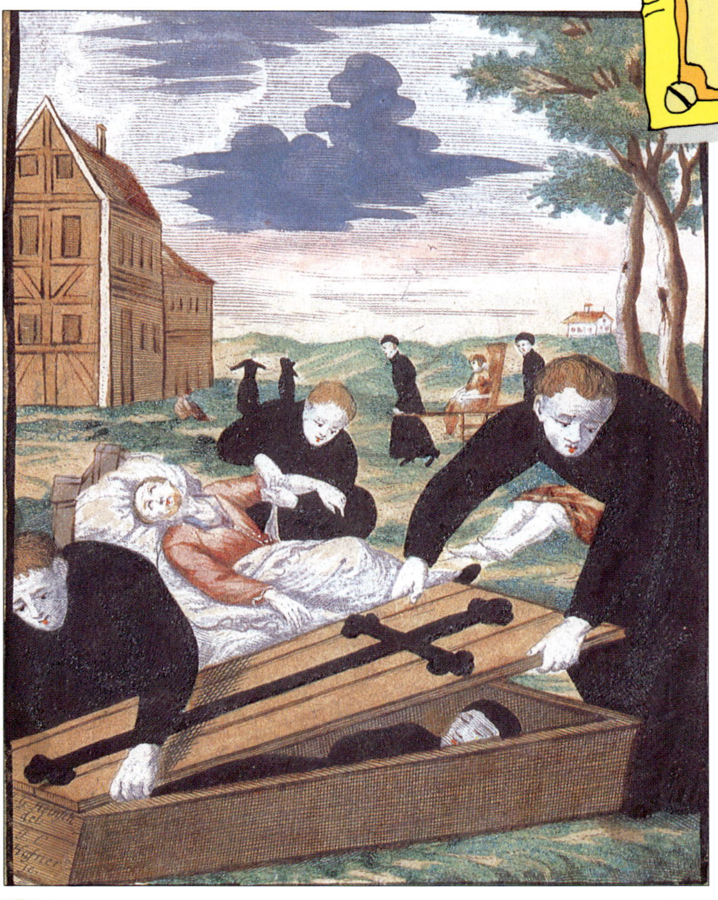

◀在整个16世纪和17世纪，都曾发生过严重的瘟疫。图中这些耶稣会会员正在将瘟疫病人送到城外照料，那些死去的患者很快被埋葬。

美洲天花

（1519 年～1540 年）

1519 年，当西班牙军队入侵墨西哥时，他们带去了天花这种致命的疾病，而他们自己并没有察觉。

天花是高度传染性的，发病初期患者有剧痛感，接着是发高烧和发出有损容貌的麻疹。该病往往是致命的，少数的幸存者会留有麻点，并且有时会失明。

天花当时在墨西哥是没有先例的，当地居民也没有机会增强对天花的抵抗力。在以后的 3 年里，天花传遍了全国各地，致使两三百万墨西哥印第安人死亡。西班牙人在攻打印加帝国时又把天花传入了南美。

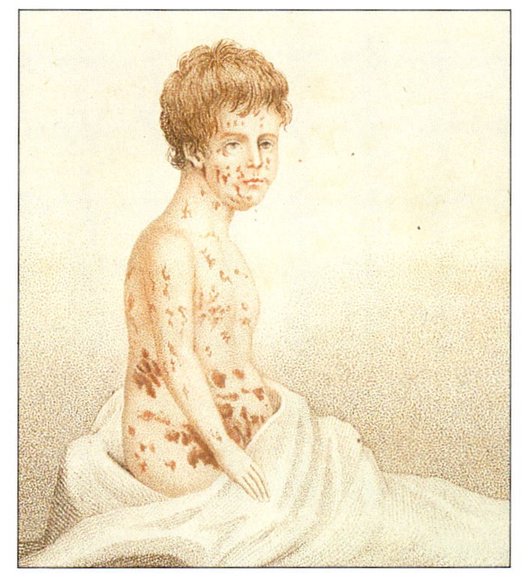

天花可能是解开印加帝国马丘比丘城消失之谜的答案。该城在 1911 年被发现时几乎完好地保存着。在西班牙入侵时，马丘比丘被废弃，但没有留下经过战斗的迹象。有些考古学家推想，城市居民都死于天花。

▲19 世纪的一位医生在给一个病人接种牛痘预防天花，该病人染上了牛痘症。这种病与天花相似，但较温和，患上牛痘症的病人可以防止患上致命的天花。

麦角中毒

(1816年)

1816年，在法国东部的洛林和勃艮第地区，许多人表现出奇怪的症状。他们手足麻木，全身发痒，接着便是神经性痉挛。这些症状日趋严重，发作更频繁，直到患者死去。医生们对此束手无策。

虽然全家人都出现了这些症状，但这种病似乎不是传染性的，也就是说它并不是以一个人传给另一个人这种方式传播的。

洛林和勃艮第地区居民所表现出的是一种食物中毒症状。他们的膳食主要是黑麦做的面包，有一部分黑麦被麦角病菌所感染。

这是一种真菌，它会长在黑麦上，含有毒素。如果人们将它吃下去，神经系统便会受到损害。

黑麦面包在北欧是主要食品。自中世纪以来曾多次突发麦角中毒，可是法国的这次麦角中毒是许多世纪以来最严重的一次。

幸亏有病的黑麦能很容易地被检查出来，而1816年法国麦角中毒（因有病的谷物漏检所引起），大概是继拿破仑战争结束后仅有的一次混乱。

20世纪一次最严重的食物中毒事件，发生于1959年的摩洛哥。一种含有危险化学品的矿物油被作为食用油来出售。1万多个摩洛哥人吃下用这种油烹调的食品后，几乎马上得了麻痹症。

▼生长得好的黑麦田里没有麦角真菌，这种真菌通常很容易被查出。

霍乱爆发

(1817年~1832年)

霍乱是由污水中的细菌引起的。在历史上,霍乱在印度和东南亚常有发生。但在1817年,一种特别严重和致命的霍乱病在印度加尔各答地区突然流行。在此后的15年中,霍乱向西传到世界其他大多数地方。与较早发生的黑死病相似,它是通过旅行者、商人和水手传播出去的。

当报道说,霍乱开始从印度北部、阿富汗和波斯(即今伊朗——译注)传到欧洲后,欧洲人开始惊慌起来。到1830年,霍乱已传到俄罗斯,因而有些欧洲国家试图限制旅行者入境。

在英吉利海峡,英国军舰拦截从疫病流行地区驶来的货船。但是霍乱病仍在蔓延。到1831年,霍乱病传到英国,致使7.8万人丧生。然后船舶又载着霍乱病菌越过大西洋,传到北美。

霍乱迅速流行而事先没有预兆。在那个时候,人们不知道用什么药物来治疗这种疾病,所以得了此病便活不成了。每20个俄罗斯人中就有一人死于1830年那次霍乱爆发,每30个波兰人中也有一人死于该病。到1832年,霍乱才逐渐消失。在19世纪,霍乱又多次流行,但不再有如此毁灭性的影响。

▲这幅1832年的讽刺画,描述有些医生因为不熟悉霍乱病,于是采用奇怪的医治方法,试图消灭该病。

英国医生约翰·斯诺证明,霍乱是通过受污染的饮用水来传播的。他追查到1854年伦敦霍乱爆发的根源,是一条街道上已被脏水污染的一台水泵。他的研究表明,向各户人家供给纯净饮用水十分重要。

▼在霍乱流行的埃及开罗以及许多其他地方,人们在街上烧硫磺和柏油来消毒。

爱尔兰饥荒

(1845年~1849年)

在19世纪40年代，爱尔兰是欧洲最贫穷的国家之一。6个爱尔兰家庭中便有5个住在单间的棚屋内，而且棚屋往往是泥砌的。他们吃的主要是马铃薯，这种作物在他们很少的一点贫瘠土地上生长得最好。

在1845年多雨的夏季里，爱尔兰的马铃薯染上了枯萎病。这种病会使马铃薯腐烂，不能食用。感染枯萎病的种子在第二年再使用时，枯萎病的病况会变得更为严重。

1848年和1849年，枯萎病再度发生。爱尔兰人走投无路，他们一个个饥饿而死，对疾病毫无抵抗力。他们无力交地租，地主将他们赶出家门，还常常放火烧掉他们的棚屋，使他们无法再回来。

当时，爱尔兰是联合王国的一部分，但是英国政府很少给予它什么帮助。大约有100万爱尔兰人不是饿死，便是病死。还有100万人逃到英格兰、北美或澳大拉西亚（一般指澳大利亚、新西兰及附近南太平洋诸岛——译注）。这200万人只占1845年爱尔兰人口的四分之一。

许多美国人、加拿大人、澳大利亚人以及新西兰人的家庭，都可能是19世纪40年代那些爱尔兰移民的后代。但是爱尔兰人在19世纪下半叶仍继续不断移民。据估计，在1845年~1925年间，约有500万爱尔兰人移居美国。

葡萄根瘤蚜虫侵扰

(19世纪60年代)

法国是世界上首屈一指的产酒国家。在19世纪60年代，一种侵袭葡萄藤的植物病给法国的酿酒商带来了灾难。

1858年～1863年间，酿酒商曾从美国运来葡萄树以改善葡萄的品种。可是谁也没有想到，这些进口的葡萄树寄生着一种昆虫，即葡萄根瘤蚜虫。这种虫吃藤里的汁，并使藤生长不良。雌性根瘤蚜虫在藤茎上产卵，产生更多的蚜虫来侵害所寄生的植物，然后在次年飞离去侵害其他葡萄藤。葡萄叶子和葡萄都长不好，最后葡萄根部枯萎、腐烂。

1863年，根瘤蚜虫第一次在法国被发现，但那时对它的侵扰已失去控制。在后来几年中约有1万平方千米的葡萄园被毁。

唯一证明有效的对付办法，是将所有被感染的藤本植物挖出来，然后栽上能抵抗根瘤蚜虫的新植物。但重建葡萄园要花很多时间。许多年以后，法国酿酒业才恢复元气。今天大多数法国葡萄酒，产自于嫁接了美国抗根瘤蚜虫病葡萄树根的葡萄树。

▲法国已重建为一个主要产酒国，这多亏美国提供了用于嫁接欧洲葡萄树的根茎。

▼显微镜下的葡萄根瘤蚜虫的成虫。它寄生在葡萄树根部，并在茎上产卵。

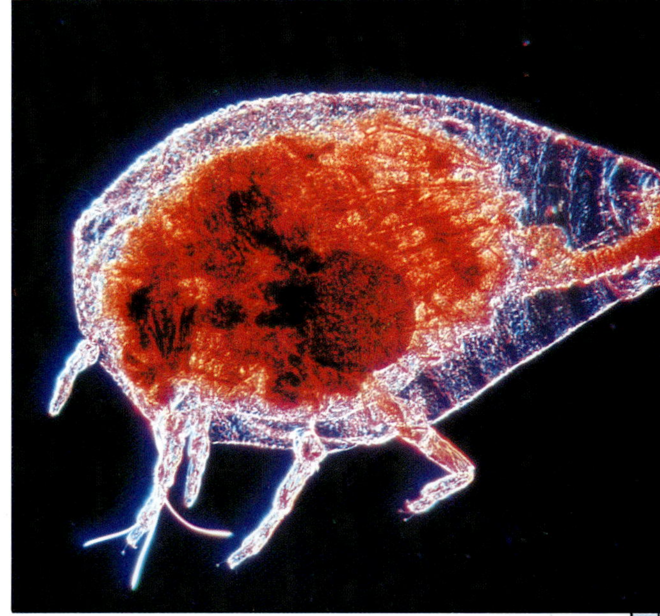

智利是少数几个未受根瘤蚜虫病影响的酿酒国家之一。它的酿酒业是在1851年从法国引进葡萄树后建立的，那时这种病尚未传入法国。此后，智利相对隔离的位置保护了它免受此病的传染。自从那次法国的葡萄园被毁灭后，智利的葡萄树现在成为法国原有葡萄树种的唯一幸存者。

中国的旱灾和饥荒

(19 世纪 70 年代)

历史上中国所遭受的最严重的一次灾害发生在 19 世纪 70 年代。在 1876 年以及以后的两年中，中国没有出现雨季——连续降雨期，它是大部分用水的来源。当时中国没有储备粮食，饥荒很快便降临了。

人们不得不过着有什么吃什么的日子。市场上少量的谷物以高价出售；有些人家只好变卖房屋和家产来保命。

数以千计的人听说东北粮价便宜，便乘船经渤海来到那里。但是，那里的粮价因为市场需求增加，很快便涨了上去。据过路人说，看见村里有饿毙者的尸体堆在门外。由于饥荒造成了贫困，许多人不是饿死，便是病死。有人称，这次饥荒使中国死亡总人数在 900 万 ~ 1300 万人。(据我国有关资料记载：19 世纪 70 年代，中国华北大旱，死亡 1300 万人。——译注)

▲在饥荒时，人们尝试各种食物来源，有些人啃起了树皮。

绝望的人们不管路途多远都四出为自己和家人觅食。在 19 世纪 70 年代，中国政府对因偷窃食物而被捉的人处以酷刑。窃贼被钉在木笼内挨饿。

◀即使那些捱过饥荒活下来的人仍很悲惨。霍乱和淋巴腺鼠疫之类疾病流行，随时威胁着他们的生命。

流行性感冒

（1918 年～1919 年）

今天我们不会认为流行性感冒（简称流感）是一种致命的疾病，除非是老年人或者已经有病的人得了流感。但是，1918 年开始的那次流感却使全世界 2100 万人丧生。

1918 年 5 月，这次流行病在欧洲参加第一次世界大战的士兵中间开始传播。该病很快通过拥挤的战壕和营房扩散开来。到 7 月份，它又传染给了欧洲大陆的众多平民，但大多数人的症状只是轻微的。

流感在秋天回潮，这次却是一种新的类型，致病力很强。随着病毒在全世界传播开来，死亡人数开始上升。年轻人病得较重，也许是因为年纪较大的人经历过以前的传染，已有抵抗力了。

到 1919 年流感消退时，病死的人数已是第一次世界大战中战死人数的两倍。

▲纽约街道清洁工人戴上口罩，以防流感病毒通过咳嗽和喷嚏传染。

流行性感冒每隔几年在世界上传播一次，但由于药物的发展，它的危险性已减轻。现在应用疫苗可以预防某些类型的流感，而用抗生素治疗可减轻该病的危害。

▼流感自欧洲传到日本。这里的儿童戴上纱布口罩以防被传染。

艾滋病

（从20世纪80年代开始）

在20世纪80年代初，医生们开始注意到有些人似乎已丧失了对某些传染病的抵抗力，包括一些不常见的肺炎和癌症。他们给这种丧失抵抗力的症状取名为艾滋病（即获得性免疫缺陷综合征）。

1983年，研究人员发现艾滋病患者被一种病毒所感染。他们称这种病毒为HIV（人类免疫缺陷病毒）。

我们不知道是否每个感染HIV病毒的人都会患上艾滋病。但有些医生认为，大约有三分之一被HIV病毒感染的人会患艾滋病。

这种病毒通过皮肤上的伤口进入血液中。使用已感染的吸毒者用过的针头、与已感染的人性交以及输血时使用已感染的血，都是HIV病毒传播的途径。

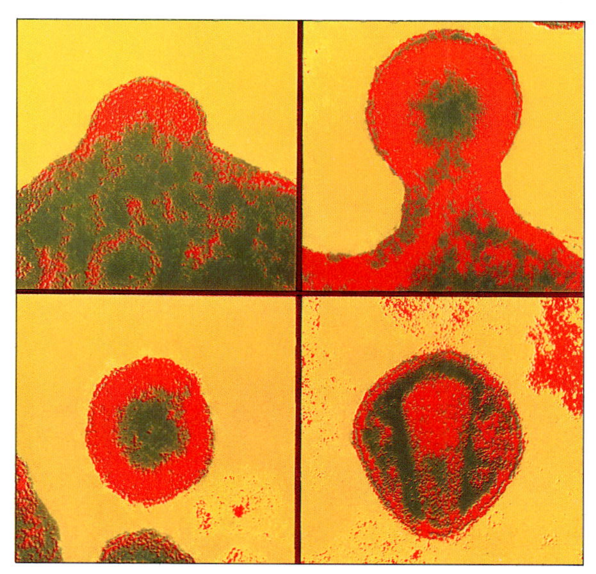

▲如图，HIV病毒正在装配新的病毒粒子。据估计，患艾滋病的人已超过60万，但携带病毒并因此有患病危险的人数不详。

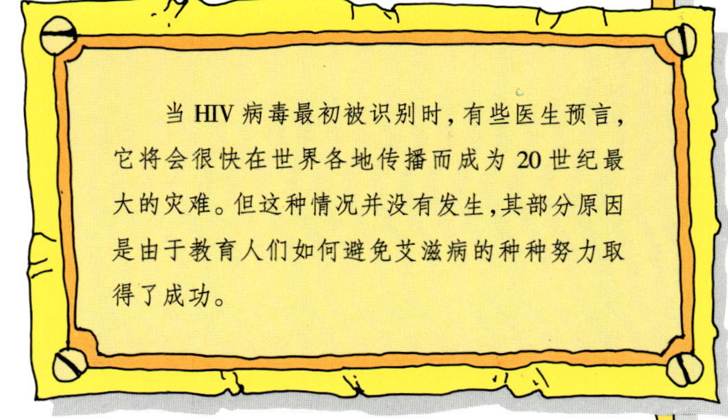

当HIV病毒最初被识别时，有些医生预言，它将会很快在世界各地传播而成为20世纪最大的灾难。但这种情况并没有发生，其部分原因是由于教育人们如何避免艾滋病的种种努力取得了成功。

▼美国人缝制了一条巨型被褥以纪念艾滋病受害者，被褥上写有死于艾滋病的数百人的名字。

欧洲的滥伐森林

（约 1500 年）

几千年来，英国和欧洲西北部的大部分地区都覆盖着稠密的阔叶树森林。大约从 2000 年前开始，由于森林被开垦用作农田，森林面积开始缩小。木材是家庭取暖和工业生产的主要燃料，也是建造住房和船舶所需要的材料。

到 16 世纪，砍伐树木的速度如此之快，以致欧洲的情势已到了危急关头。烧制木炭所用的木材十分短缺，威胁着炼铁业和玻璃制造业，因为炼铁炉和熔融玻璃需要耗用大量的木炭。用作家庭燃料的木材价格飞涨，但树木并不能很快地重新培育出来。因此，欧洲大森林永远地消失了。

森林面积的缩小，干扰了土地的自然排水，并在许多地方出现了沼泽。这些地区现在已重新植树，以还其本来面目。

▲如今，原有的森林仍然完好的不到十分之一。其余的永远地消失了，就像图上苏格兰西北部的这片颓败的森林一样。

滥伐森林改变了欧洲的历史，家庭和工业逐渐改用煤作燃料。此后的 300 年，煤的使用导致了蒸汽机的发明和大工业生产模式的出现。

澳大利亚兔灾

（1859 年）

兔子并不是澳大利亚土生的。在 1859 年以前，那里还没有兔子。但在那一年，有一个农民从英格兰带来了一群野兔，共有 24 只。他完全没有料到，他的这一举动将要引起一次农业灾害。

在澳大利亚，兔子几乎没有什么天敌，所以经过几十年它们已成为一个大问题。它们吃庄稼，毁坏新播下的种子，啃嫩树皮和芽，并且打地洞损坏田地和河堤。筑篱笆也不能阻止它们侵入农民的田地。

1950 年，人们尝试一种控制野兔的新方法。一种能杀死兔子的病，即粘液瘤病（兔的一种病毒性传染病——译注），被引入澳大利亚。科学家先将该病传染给蚊子，然后经蚊子再传染给兔子。

粘液瘤病一经引进，它便在整个野兔群中快速传播。在澳大利亚东南地区，几乎百分之八十的野兔群被消灭了。

▲野兔的繁殖非常快，所以在极短的时间内就成为一个难题。一只雌兔一年能产 25 只兔仔。

1952 年，一个法国农庄主释放了两只感染了粘液瘤病毒的兔子，该病便传入欧洲。几个月内它已在欧洲各地扩散，甚至横跨大海传到英国。到 1953 年末，在欧洲每千只兔子仅剩两只还活着。

森亨尼特煤矿大爆炸

（1913 年）

英国威尔士森亨尼特通用煤矿大爆炸是英国采矿史上最惨重的一次灾难。1913 年 10 月 14 日，一场煤矿粉尘大爆炸使整个矿井烧了起来，439 名矿下工作的矿工被烧死。

这次爆炸是突然发生的，但并不出乎意料。事故调查显示，多年来矿主和经理一直忽视煤矿作业安全。他们明知森亨尼特矿坑粉尘多，早在 3 年前就该赶紧撤离，以防发生爆炸危险。到了灾难发生的时候，他们对政府检查人员早就要求的、须在10 个月以前完成的安全预防措施还一点没有落实。矿坑内电铃系统的有些电线也裸露着，尽管政府早已警告过这是不安全的。

▲从矿井口金属构架的受损情况，可以看出这次爆炸的威力。

1913 年，在英国 3000 座煤矿里工作的矿工计有 125 万。当时，每年平均每 713 名矿工中就有 1 人死于矿上，每 7 人中有 1 人受重伤而至少一个星期不能上班。

大火使矿坑面目全非，以至无法确认爆炸起因，但人们一般认为裸露电线之间的火花可能点燃了煤炭粉尘。尽管矿主因漠视政府指示造成惨祸，但他们仍逃脱了惩罚，煤矿经理也仅仅被罚很少一些英镑了事。

◀营救人员和当地一些社区的成员都聚集在燃烧着的矿井口。

美国圣华金河谷地面下沉

（20世纪20年代~60年代）

圣华金河谷位于加利福尼亚州贝克斯菲尔德和奥克兰两市之间，从东南流向西北方向。这是一个雨量很少的区域，尽管如此，该河谷农业仍很发达。

灌溉用水是用水泵从谷底下面抽上来的。该区早在1780年就已开始应用灌溉方法，但用水大量增加则始于20世纪初。到了1920年，谷地内有约8100平方千米土地用地下水灌溉，这个数字几乎是1900年灌溉土地的3倍。

后果是不可避免的，谷地开始大面积下沉，在某些地方下沉达9米。土地移动破坏了水井和灌溉渠道，许多农民因此损失惨重。除非停止泵水，否则圣华金谷地农业将被破坏殆尽。

直到20世纪60年代，加利福尼亚州政府才终于面对危机。从谷底泵水的做法被制止，而改从内华达山脉引水。圣华金谷地的地面仍在下沉，但下沉速度明显趋慢。科学家希望地面沉降能及早趋向稳定。

人类任何的地下活动，比如采煤，都会导致地面下沉，但下沉也会自然发生。在过去一个世纪，英国东部沼泽地一些地区由于泥炭土变干造成地面下沉4米多。

▼20世纪加利福尼亚州圣华金谷地大面积的地面下沉。

美国尘暴

（20世纪30年代）

美国中西部（落基山脉以东）的最初移民，将他们的土地用作放牧。可是20世纪初拖拉机的发明，意味着农民从此可以耕地种小麦了。

但是灾害终于在20世纪30年代初降临。当时发生了旱灾，小麦严重歉收。犁过的土壤裸露变干；没有青草将它固定，猛烈的西风引起了尘暴。受灾的农田地区被称为“尘暴地区”，面积达6.5万平方千米。

问题的严重性促使州和联邦政府行动起来。他们设法将水引入焦干的田地，恢复草地，以及鼓励采取较负责和前瞻性的耕作方法，于是尘暴地区逐渐恢复了生机。

▲在俄克拉何马州以及邻近的堪萨斯州和德克萨斯州，高达8千米的尘暴是常见的。许多农民不得不从该区西迁到加利福尼亚州寻找工作。

尘暴地区的传闻激发美国作家约翰·斯坦贝克创作了畅销书《愤怒的葡萄》。该书描述尘暴地区农民的无奈离别土地之苦。后来这部小说被拍成了电影。

▼尘暴使美国中西部大批农民倾家荡产。

“滴滴涕”灾难

(20世纪50年代)

1939年发生了一件事,似乎对全世界的农民以及对诸如疟疾一类热带病流行的地区来说,都是一个好消息。那就是有一种新的、“安全的”、名称为滴滴涕(即DDT,双对氯苯基三氯乙烷的商品名)的杀虫剂被发明了出来。昆虫一碰到它,便因神经系统麻痹而被杀死。将它喷洒在农作物上,或喷洒在带菌昆虫赖以繁殖的沼泽类地区,会收到良好的灭虫效果。

在后来的30年间,千百万吨滴滴涕在全世界被使用。在非洲,它可能拯救了几百万人的性命。消灭了虫害,农民的收成剧增。

但不久以后,科学家们开始担忧,因为有些昆虫对滴滴涕产生了抗药性,药效不如从前那样明显了。人们还发现,动物在吃了喷过滴滴涕的植物后,滴滴涕能在其体内积累。由于滴滴涕在动物体内未被降解,这使人担心它会通过食物链传递下去。

▲巴布亚新几内亚一个农民正在庄稼上喷洒杀虫剂。现代杀虫剂比滴滴涕较易降解。

对滴滴涕积聚的最初警告信号是来自对鸟类的研究。鸟类从吃下的昆虫那里吸收了滴滴涕,从而使所产的蛋壳变薄。薄蛋壳很容易破碎,致使幼鸟死去。既然滴滴涕能影响鸟类,难道它不会影响人类吗?

◀科学家和生态学家得出结论,滴滴涕弊多利少。1972年,美国已限制其使用。现在,美国、欧洲国家以及其他许多国家已完全禁止使用滴滴涕。

“反应停”灾难

（20 世纪 50 年代和 60 年代）

20 世纪 50 年代，科学家推出了一种新药，据说它能在妊娠期控制精神紧张，防止孕妇恶心，并且有安眠作用。这药名叫“反应停”（即酞胺哌啶酮——译注）。它由美国开发，1957 年首次被用于处方，后来在欧洲也可以买到。

到了 1960 年，医生们对很多新生儿四肢缩短和其他畸形的状况开始产生警觉。究其原因是孕妇服用了“反应停”。该药在 1961 年被禁用，但当时全世界约有 8000 名婴儿已经受害。

经过很长一段时间法律上的交锋，开发“反应停”的医药公司同意赔偿受害者的损失。“反应停”在出售之前，并未仔细检验其可能产生的副作用。

“反应停儿童”的事件是一次惨痛的教训。它提醒人们，任何新药在用于临床之前必须经过彻底检验，尤其是用于孕妇的药物。

▲美国的一个“反应停”受害女孩，已经学会用她仅有的一只手绘画。

并非每一位服用过“反应停”的母亲生育的都是残疾婴儿。但由于出现的概率是如此之高，其后果如此之惨痛，以至这种危险一旦为人们所知，该药便立即被停止出售。现在，医药公司对试验新药已倍加小心。

◀马丁·施奈德斯是荷兰第一个“反应停儿童”。在年纪很小的时候，他就已学着以残疾之身生活下去，并逐渐掌握了一系列技能，包括弹奏电风琴。

克什特姆大爆炸

（1958年）

这次大爆炸可能是世界上最大的灾难之一，可是有关它的情况却是个谜（这个灾难之谜无从查考——译注）。它发生在克什特姆，一座距西伯利亚的车里雅宾斯克工业城市约100千米的城镇。

那是在1958年，当时的苏联政府对这次事件尤其保持沉默，因为它涉及到可用来开发秘密核武器的核材料。外界所能得悉的只是在克什特姆附近发生了一次大爆炸。事后该地区若干村落的名字和位置，都从当时苏联的官方地图上被抹去了。

今天，核爆炸由人造卫星可以观察到。但是，1958年时尚无人造卫星。是发生了一次核废料爆炸？还是有一件核武器出事故爆炸？克什特姆究竟发生了什么事，除苏联人外迄今无人知道。

▲SSI是前苏联所开发的一件武器，它能携带一个核弹头或一个普通高爆炸力的炸弹。

1958年，苏联竭力要在生产先进核武器方面赶上美国。苏联的第一颗氢弹是1957年试验的，比美国落后5年。克什特姆大爆炸可能是生产或试验氢弹时出了事故。

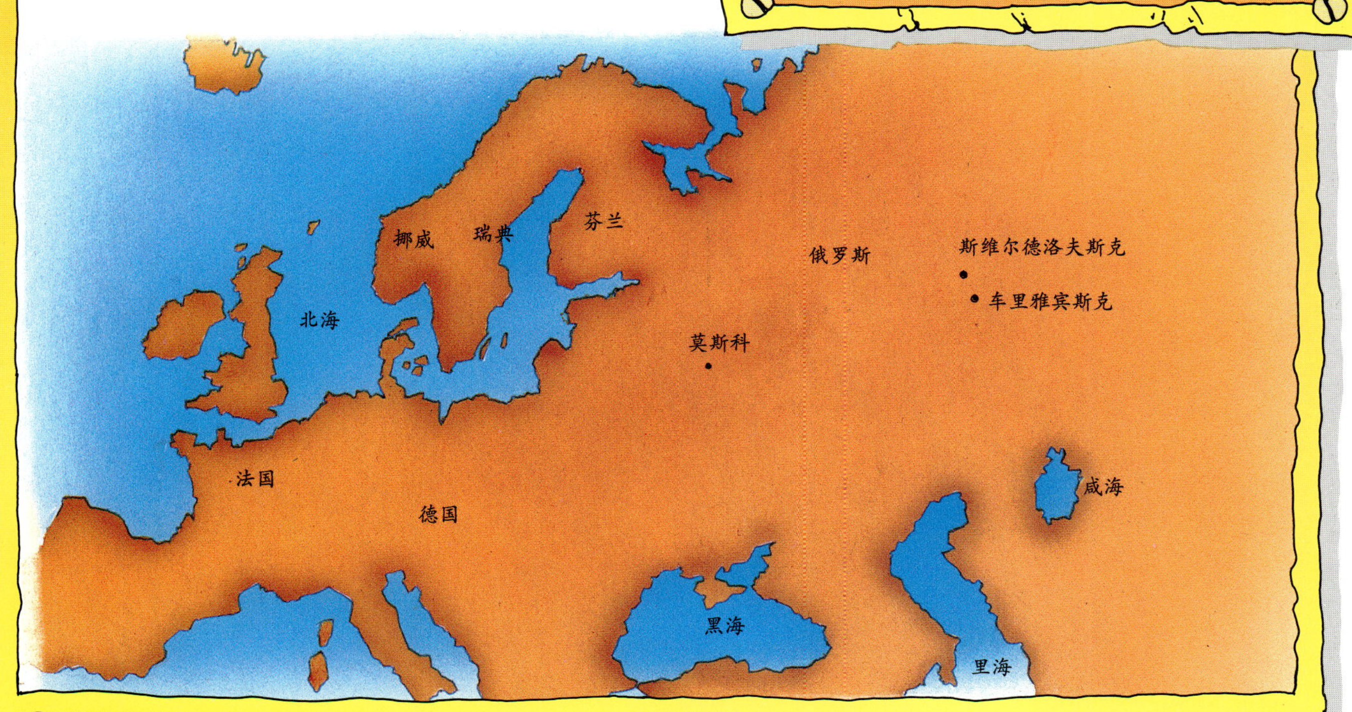

水俣湾污染

（1953 年）

是猫最早显示出了征兆，表明九州这个日本最南面岛上的水俣小渔村出事了。1953 年，那儿的猫开始出现反常行为，它们发疯般地四处奔跑，甚至跳进河里淹死。

不久，村民也开始表露出患病或中毒症状，比如痉挛、言语障碍和失明。至少有 150 人因此丧命或终生残疾。不少婴儿出生时有畸形或脑损伤。

几年前，水俣湾畔建立了一家生产塑料的工厂。它把废料排放到海里，工厂废料中所含的汞使鱼中毒，人和猫吃鱼后也中了毒。但是，工厂主拒绝他人来检查。直到 10 年后，工厂主才承认负有责任。

该厂于 1966 年关闭，但那时已给水俣留下了严重的后遗症。幸存者面临极度艰难和困苦的生活，随之便是痛苦的过早死亡。

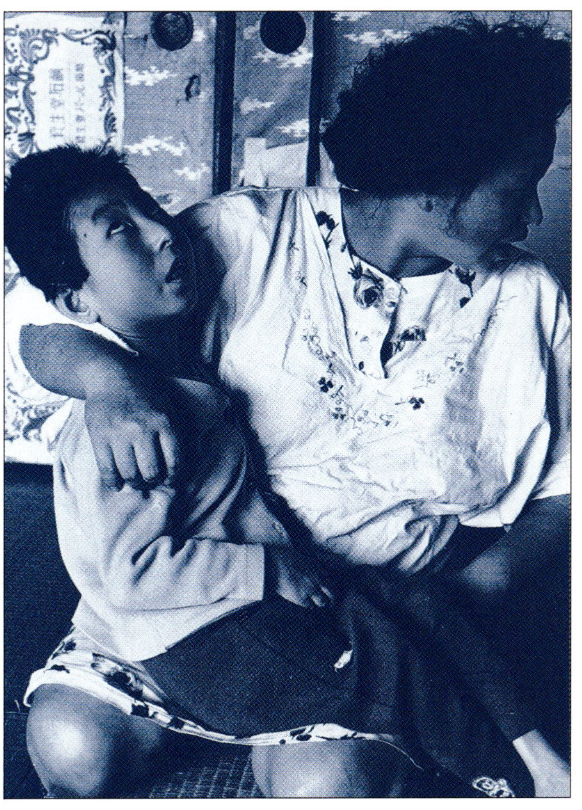

▲一名水俣湾污染的受害者由她的母亲照顾。自从那个塑料工厂关闭和停止排放可怕的废料以后，30 多年过去了。今天，许多当年的受害者还活着。

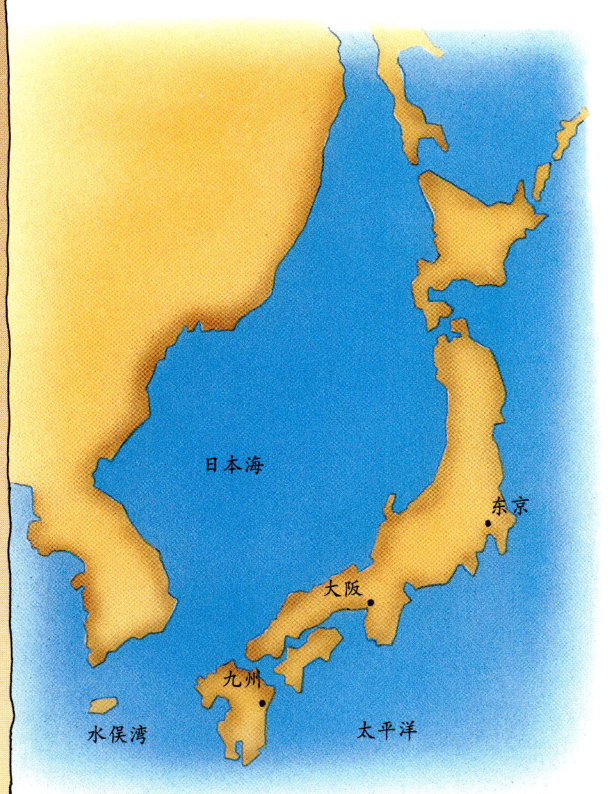

汞一旦进入体内便无法消除，因此成为特别可怕的毒物。1972 年，90 多个国家签订国际公约，禁止将汞倒入海洋，以免污染鱼群。

许多家庭必须照料无助的受害者，其中许多是儿童。水俣的年轻妇女怕生孩子，因为怕生下的孩子万一智力迟钝或畸形。

维昂特水坝坍塌

（1963 年）

1963 年 9 月，在意大利境内的阿尔卑斯山脉托克山斜坡上，放牧羊群的羊倌们突然发觉羊群变得骚动不安起来。动物能比人类先察觉到灾祸即将发生的征兆，这是许多事例中的一个。没隔多久，羊倌们便发觉出事了。

托克山下有一座维昂特水坝，它是一项水力发电工程的组成部分，坝后有一个长度为 6.5 千米的湖泊。

几个星期以来，倾盆大雨猛烈冲击着托克山。10 月 9 日夜里，部分湿透了的山体突然坍塌，数百万吨的岩石从山坡滑入湖中。顷刻间，水溢出大坝，形成巨浪，横扫下面的村落。仅过了几分钟，村落就成了一片汪洋。

朗格罗尼村整个被水冲走，几乎无人幸免。其他几个村落也被毁坏。

维昂特水坝灾难说明，不听专家意见是愚蠢的。许多地质学家和工程师早已忠告过：水坝不可建在这个地方，因为托克山山体不稳。可悲的是，专家的意见最终没被采纳。

▲只有很少几幢房屋还屹立在被毁的朗格罗尼村。山体崩塌后，已无法在泥海中寻找幸存者。

◀瓦砾成堆使寻找幸存者的工作非常困难。谁也不知道死了多少人，肯定不少于 1800 人，或许高达 2500 人。

阿伯万滑坡

（1966年）

1966年秋天，英国威尔士南部连着许多天雨下个不停。雨水渗入山区、谷地以及由煤矿矸石和尘土堆成的人工山丘。

10月22日早晨，格拉摩根郡南部阿伯万村，小学生们刚在教室里坐好。在这所学校和村庄上面，有一座被雨水浸透的黑色矸石大堆场。上午9时刚过，滑动的煤矿矸石开始从山上滑下。

几分钟内，整个学校便被埋在又黑又粘的淤泥下面，28个成人和116个儿童丧生。救援队很快赶到，但淤泥很难清除，而雨仍下个不停，使抢救工作难以进行。

全世界的人们从电视上看到了营救的画面，恐惧万分。当人们得悉关于这座矸石堆场不安全、应予迁移的议论已有相当日子后，恐惧立即化为愤慨。

阿伯万灾难发生后，世界各地纷纷提供援助。700多万英镑被筹集用作救济基金，但许多当地人觉得，用于帮助受难家庭的钱太少了。

▲从空中俯视阿伯万村，矸石是如何从堆场上滚下吞没学校的可以一目了然。

◀当地人所组成的救援队设法将罹难者挖出。大雨和淤泥使抢救工作几乎无法进行。

戈伊纳水库地震

(1967 年)

大多数地震是构成地壳的板块自然移动的结果,是不可避免的自然灾害。但有时地震可能是由于地壳内所存在的应力受到人为干扰而产生的结果，1967 年印度戈伊纳所发生的地震就属于此类。

巨大的戈伊纳水库建于 20 世纪 60 年代初，它向孟买及其周边地区提供充足的水源。水库在 1962 年开始储水。一年后,地震便开始在这个历史上无地震的区域发生了。地震变得越来越强烈和频繁，终于，1967 年 12 月 10 日,一次强烈的地震使 177 人丧命,2300 人受伤,并造成广泛的破坏。

也许谁也不会想到，戈伊纳水库储水的重量会使下面的岩层内应力升高。较早发生的小地震就是这些应力变化的信号。一旦应力升高，不可避免地总有一天它们会释放出来,形成一次大地震。

所有的地震都是由于地壳结构内的应力变化所产生的。虽然这些应力可以测算,但预测何时发生地震,准确说出震中在哪里或强度多大等，仍然几乎是不可能的。

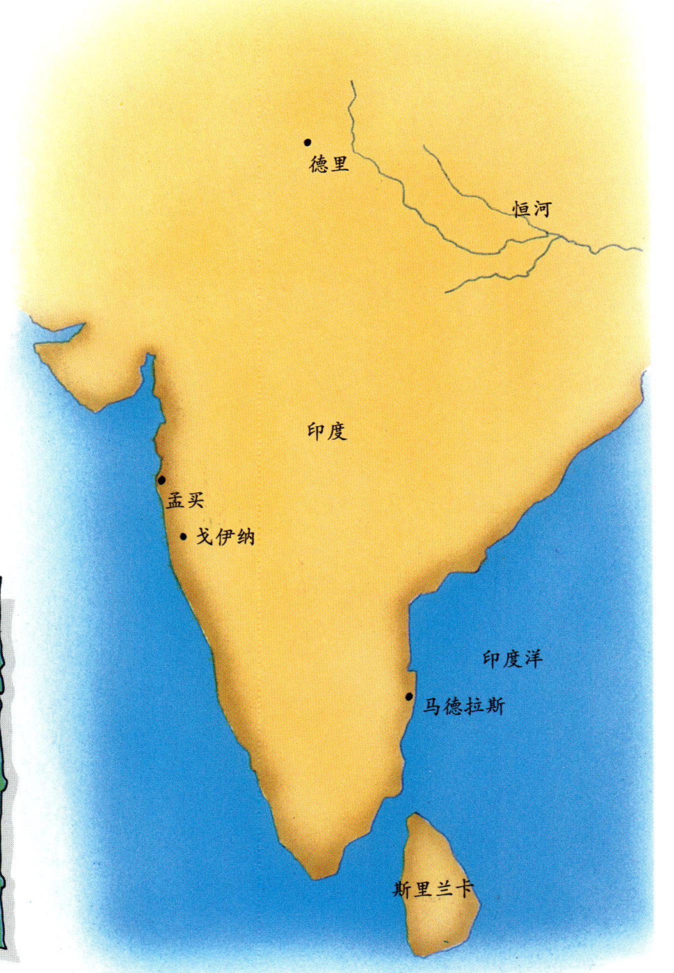

▶人们希望戈伊纳水库能储存足够的水以供应孟买市的需要，可是没有人预料到它的存在会引发地震。

水库引发地震的首次证据是 20 世纪 30 年代在美国得到的，当时人们建造了巨大的胡佛水坝和坝后的米德湖水库。在 1936 年～1939 年间，当地居民在这个历史上没有地震的地区经历了数百次小地震。

塞韦索毒气泄漏

（1976 年）

1976 年 7 月 15 日，意大利米兰市附近的塞韦索村的一座化工厂发生事故。该厂使用包括毒性极大的二氧芑在内的化学品，制造一种除草剂 TCDD。

事故发生时，一股烟云状二氧芑排放到大气中。于是，塞韦索村的家畜无缘无故地死去，村里人恐慌不已，只得求救。当局命令群众从该村疏散。

人体只要接触到一点点二氧芑便立即皮肤起疱，出现皮疹。可是它的长期影响更要严重得多，二氧芑中毒能导致癌症和其他疾病。孕妇接触过它的话，婴儿就会有畸形的危险。更糟糕的是需要很多年才能从体内消除二氧芑。在接触二氧芑很长一段时间后所引发的疾病，目前医疗上尚难以解决。

在塞韦索毒气泄漏两周以后，每 6 个受检居民中，就有 1 人呈二氧芑中毒症状。

▲上图显示的是意大利米兰市附近的一家工厂，1976 年 7 月塞韦索泄毒事故就发生在这里。

因有塞韦索毒气泄漏的教训，各国人民和政府对涉及化学品的工业事故倍加警惕，对使用危险化学品的工厂实施更严格、更安全的措施受到重视。

◀灾难的首批受害者是兔子一类的小动物。但是泄漏事件对人类健康的全部影响可能很难估量。

“阿摩科·卡迪兹号”油轮漏油

(1978年)

1978年3月，在暴风雨天气中，“阿摩科·卡迪兹号”油轮正驶入英吉利海峡。3月24日，一场事故在布列塔尼(法国西北部一个地区——译注)的海岸外发生了。

油轮的操纵装置在波涛汹涌的海上失灵。一艘拖轮驶来拖着油轮前进，但拖缆断了。“阿摩科·卡迪兹号”向岩礁漂去，后又遭到海浪一次次猛击而断裂成两半。2.95亿升油从失事的油轮上喷涌入海。油随着潮汐漂移，在海滩上覆盖了一层恶臭的黑粘油。成千上万只海鸟死去，大批死鱼被冲上岸。过了好几个月，英吉利海峡的油污才被清除干净。

▲当油轮下沉后，有关方面曾进行各种尝试来清除油污，其中一种方法就是派船将化学品喷向水面使油分散。

全世界海洋上，现在约有2000艘油轮在运油。这个数目约比1977年高峰时期少了1000艘。但今天的油轮比过去的大。如果现在世界上任何一艘油轮出事，其造成的污染严重程度也相应地比过去要大。

▼成千上万的鱼和海鸟死去了。海边疗养胜地也遭了殃，经济上因海滩被油染黑而蒙受了损失。

伊克斯托克海上油井喷油事故

（1979 年）

1979 年 6 月 3 日，在墨西哥湾尤卡坦半岛海岸外的伊克斯托克，那儿的石油钻井发生了喷油事故。关闭油流的种种尝试均告失败，情况已到了失去控制的地步。及至 8 月初，一条长 640 千米的粘稠原油膜向北漂往美国得克萨斯州的东南海岸。在这次世界历史上最严重的喷油事故中，估计有 8 亿升以上的油被喷掉了。

控制浮油以防止它到达海岸的种种努力，受到了两个因素的阻碍：第一，风向一直在改变；第二，原油相当重，沉在海面下。这给跟踪油的流向，使油渗过海面上拦油栅底部，以此来控制浮油的方法带来了困难。到 8 月 7 日，浮油膜约长 800 千米。

事故结束后，损失总算比最初所担忧的要小一些，虽然它对鱼类和海鸟的影响是非常可怕的。

▲在墨西哥海岸外，一名采油公司雇员正在检查石油钻井架。

据环境专家估计，每年约有 35 亿升油被释放到世界各地的海洋里。在大多数年份里，最大的犯罪者是油轮。他们将油舱内剩油冲洗到海里，另一种情况是在失事时漏油。

瑙鲁兹油田井喷

(1983年)

1983年7月，世界野生动物基金会(现称世界自然基金会)用“灾变”一词来描述波斯湾所发生的事件。

1983年，伊朗海岸外的瑙鲁兹油田接连发生事故。2月，一座油井钻架受到一艘轮船的撞击，原油开始喷出。与伊朗作战的伊拉克于3月2日又有一口钻井发生井喷。在两伊战争中总共有8座钻井受损。

伊朗和伊拉克之间的激烈战争妨碍了油井的修复。世界上其他地方的人们无能为力地看着每天7000桶(111.7万升)油白白地流入海里，将波斯湾沿岸盖上一层厚厚的粘稠黑油。

这对野生动物的打击是惨重的。由于两国政府被迫关闭了将海水转化为饮用水的净水工厂，出现了严重的缺水情况。到8月份时，油仍在流。专家们警告说，关闭漏油的钻井还要再花两个月工夫。世界野生动物基金会声称，波斯湾水域恢复正常须用30年之久。

因瑙鲁兹油井井喷遭殃的野生动物包括海龟、海豚和海蛇，可是受到最惨重打击的动物是以海藻为食的儒艮(或称海牛)。据世界野生动物基金会报道，波斯湾的儒艮到1983年7月几乎全部死亡。

▼当石油泄漏流入海水时，会粘附在所有东西上。清理海滩是一项长期而又艰难的作业，许多鱼类和海鸟都死去了。

博帕尔化学品泄漏

（1984 年）

1984 年 12 月 9 日夜晚，印度中部博帕尔市的居民和平常一样到时候就睡觉了。谁也没有想到，他们的城市第二天将成为全世界的头条新闻。

从那天夜里直至次日凌晨，40 吨极毒的烟气在人们并不知道的情况下，从该市的联合碳化物公司的储气罐泄漏出来。这种气体含有甲基异氰酸酯，一种用于制造杀虫剂的化学品。

这种令人窒息的云状烟气扩散后，数以千计的人丧命，还有许许多多人因此得了重病。虽然联合碳化物公司承担了这次事故的责任，并向政府支付赔款，但 10 年之后，许多受害者仍在等待赔偿。

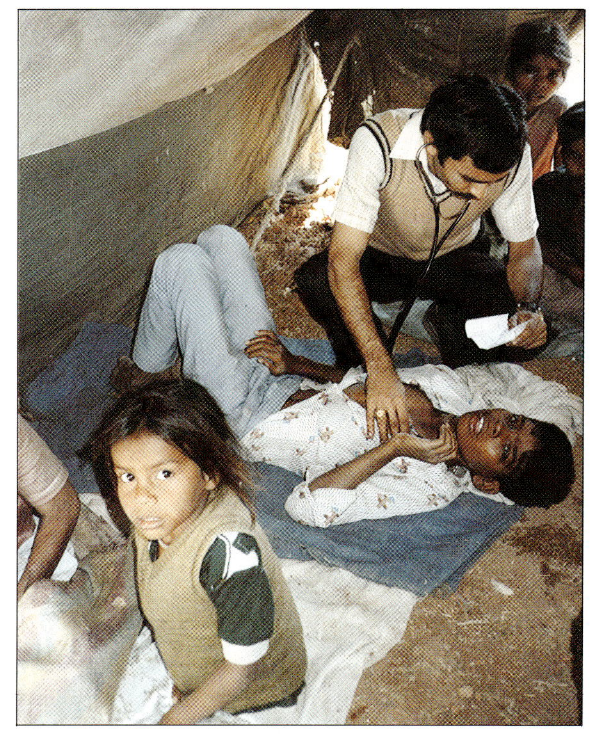

▲首批患者是婴儿、少年以及有呼吸道症状的人们。多达 25 万人得了重病，其中许多人后来死亡。

▼一年多以后，人们仍排队就医。肾病、失明以及其他严重损害均有报道。

许多工业操作流程被认为是导致健康不良的原因。健康受损的原因有的属于突发性的，比如博帕尔所发生的事故；有的是慢性的，可能要过好几年才发作，例如与石棉类打交道的人，40 年之后才会因接触过石棉而痛苦地死亡。

巴塞尔化学品泄漏

（1986 年）

1986 年 11 月 1 日，瑞士巴塞尔莱茵河畔的一家化工厂发生了火灾。在救火时，消防队员将 30 吨汞和其他有毒化学品冲入莱茵河中。结果，这条西欧最大的河道变成了一条死亡之河。

河水被染成红色，一周之内有 50 万条鱼死去，好几吨死鳗鱼从河底捞起。从莱茵河取水的水厂都关闭了，以防毒物进入居民供水系统。

从瑞士巴塞尔经德国直到荷兰的河口，整个下游河道均受到影响。于是一场大规模的清除作业开始了。

1987 年 1 月 19 日，有报道说，莱茵河正在恢复，再过 6 个月这条河将差不多会恢复到正常状态。而要完全恢复，还要等到 1997 年。

拥有该化工厂的桑多斯公司承认，由于忽视有关储存危险化学品安全条例，因而负有责任。巴塞尔泄漏事故发生后，制定出了更严格地执行关于储存此类化学品的国际章程。

▼清除工作开始了，包括潜水员用泵从河底抽汲泥浆。当潜水员回到水面上时，他们自己也须被冲洗干净。

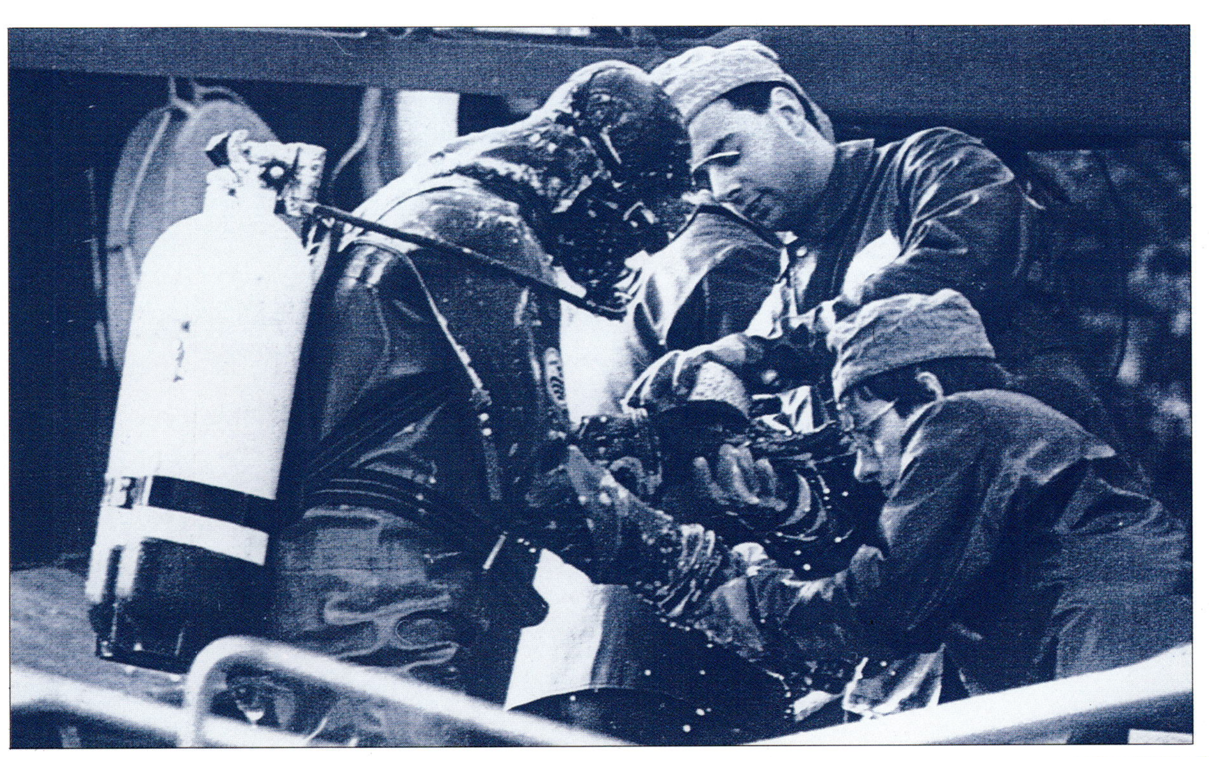

切尔诺贝利核事故

（1986年）

1986年4月25日星期五夜间，当时还是前苏联一部分的乌克兰境内的切尔诺贝利核电站的工程师们，将水泵开慢。这些水泵使核电站冷却系统的水环绕核燃料芯体流动。

大约到了半夜，核燃料芯体温度升高，失去控制。当时所发生的一次爆炸将电站建筑物炸毁，并把炽热的放射性灰尘送入大气中。

在电站内和周围有29人被炸死。致命的放射云向西在欧洲扩散。尽管乌克兰政府采取了疏散城市人口的措施，数以百计的居民还是得了严重的放射病。全欧洲受到核辐射污染的食品、作物和牲畜都必须毁掉。

至今，乌克兰很大的一片区域仍因污染太重而不宜居住，而且要过好多年后才能安全耕种。

▲工人们穿上防护服，检查切尔诺贝利核电站反应堆外围的混凝土防辐射屏障。

1979年3月，美国几乎要遭到与切尔诺贝利事故相似的灾难。当宾夕法尼亚州三英里岛核电站的冷却系统失灵后，发生了放射性水和气体泄漏。数千人撤离现场，直到危机过去。

派珀·阿尔法油井事故（1988 年）

西方石油公司的派珀·阿尔法油井钻塔，建在距离苏格兰威克市以东 193 千米的北海中。1988 年 7 月 6 日，有 227 名工人在钻塔上工作。

大约半夜时，钻塔被一次爆炸所震撼。全体员工立即按训练有素的应急程序行动起来，但是 10 分钟以后又发生了另一次爆炸。逸出的气体形成一个火球，喷过操作平台，其火焰窜到空中 150 米。许多员工从 60 米高的平台上跳入海中，但这时海水本身也已经着火。

乘直升飞机和船舶赶来营救的队员们表现出奇迹般的英勇和驾驶本领，他们靠近正在燃烧的钻塔，将幸存者抢救出来。但到了第二天，有报道说，派珀·阿尔法钻塔的员工已有 157 名死亡。

1988 年的事故并不是派珀·阿尔法钻塔所遇到的第一次威胁。4 年之前，该钻塔已发生过一次爆炸，当时 175 名员工乘直升飞机紧急撤离。

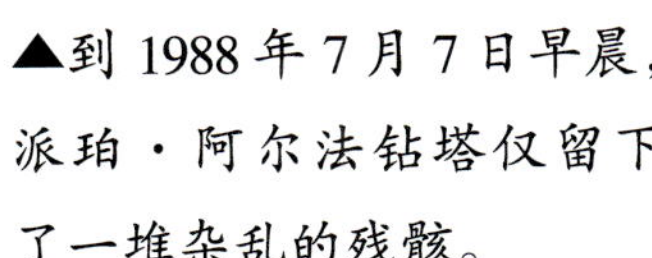

▲到 1988 年 7 月 7 日早晨，派珀·阿尔法钻塔仅留下了一堆杂乱的残骸。

◀6 架直升飞机中的一架在燃烧的平台附近盘旋。最后，7 艘军舰和 21 艘其他船只也赶来营救。

希尔斯伯勒足球场惨案

（1989年）

1989年4月15日，成千上万的球迷来到英格兰设菲尔德的希尔斯伯勒足球场。利物浦队正要与诺丁汉森林队进行足协杯半决赛。

当裁判吹哨开球以后，大批利物浦队支持者仍千方百计要进入球场。警察下令将大门打开。于是，球迷蜂拥而入，竞相穿过一条通道，以便很快到达看台观看比赛。

但看台上已经很拥挤。当这批额外观众向前拥挤时，站在前面的人被压向围栏，围栏是为阻止观众闯入场地而设置的。

比赛进行了6分钟，裁判才宣布停赛。在延误了这致命的几分钟以后，球场周围的围栏门才被打开，以减轻人群压力。

当时许多球迷被踩死，200多人受伤，最后统计死亡人数为96人（包括一名昏迷5年后死去的受害者）。这是英国体育运动史上最惨痛的一次灾难。

希尔斯伯勒足球场出事前4年，利物浦球迷曾卷入比利时埃瑟尔球场的一次悲剧。当时利物浦队与意大利尤文图斯俱乐部队进行欧洲杯决赛。利物浦球迷攻击尤文图斯队的支持者，并将他们逼到一道墙边，墙倒塌了，35人因此死亡。

▲利物浦队主场大门口放着鲜花和球队支持者的领巾，以纪念死者。

◀一些无路可逃的观众爬到上面的主看台，以求安全。

“埃克森·瓦尔迪兹号”油轮漏油

（1989年）

1989年3月24日晚上9时，“埃克森·瓦尔迪兹号”超级油轮满载原油从阿拉斯加启航。

“埃克森·瓦尔迪兹号”下水才3年，配备有各种现代导航设备。船长很熟悉阿拉斯加水域。可是启航后仅3小时，油轮突然触礁，于是5000万升原油漏出。

漏油覆盖海面达1300平方千米，并冲上了1300多千米长的海岸。清除漏油的工作由于启动迟缓、地点偏僻以及地面冻结等原因而受阻。

在事故发生后几天内，有3万只海鸟以及海豹、其他哺乳动物和无数的鱼惨死。环境污染也破坏了成千上万只候鸟一年两次来阿拉斯加觅食的这块土地。

▲工人们将砾石装入桶内，然后用高压喷枪来清除油污。清除作业要花很长时间，而且很困难。

为什么会发生“埃克森·瓦尔迪兹号”事故？一项调查说，因为该区域有冰山的威胁，船长已接到瓦尔迪兹港务当局批准改变航向的文件。由于在确定新航路中出现混乱情况，结果使船触礁沉没。

▼使用高压水龙清除阿拉斯加沿岸岩石上的油污。

咸海

(当代)

曾是世界第 4 大湖的咸海，位于中亚哈萨克斯坦和乌兹别克斯坦两国交界处，离塔什干市约 640 千米。在这里，发生了一次世界上最严重的环境灾害。

灾难起源于将该湖周围地区用来种棉花的决策。这一大规模工程，计划将河水改道，流入农田，以灌溉农作物。结果是以前排入咸海的河水不再流入。自 1960 年以来，咸海水平面下降 14 米以上。

此外，大量的杀虫剂以及其他农用化学品被用于增加农作物产量，而这些化学品也排入湖底。当咸海的水平面下降后，这些化学品便暴露在岸边，损害了该地区居民的健康。

▲这里曾经是咸海的主体部分，现在成了一片大面积的烂泥地。如图所示，一年中有很长时间泥土干裂。更有甚者，杀虫剂排入土壤中，使这里的土地几乎无法耕作。

咸海水面经历了多次变化。在 19 世纪大部分时间里水面都在下降，但从 1880 年起它开始升高。到 1908 年，水面已升高将近 3 米。后来种植棉花的决策将这个上升势头逆转了。

一件可怕的事实是，在咸海周围地区，每 10 个婴儿中便有 1 个在出生后第一年内死去。

专家们说，如果咸海继续以目前速度缩小，那么到 2000 年它将所剩无几。

◀咸海水面的急剧下降由图中的船舶可显示出来。曾经载舟的水不见了，船舶毫无用途地搁浅在岸边。

水土流失

（目前）

现代耕作方法已使耕地的生产力大大提高。可如果方法使用不当或不严格遵守一些规定的话，它们也会造成长久的损害。

巴西利卡塔是意大利南部的一个山区，濒临地中海的塔兰托湾，这个地区尽是陡峭的粘土山丘和深谷。巴西利卡塔以前有茂密的森林，但如今所有树木已被砍伐。拖拉机的发明使许多山丘被开垦成农田。

由于该地区雨量各年变化颇大，遇到连年少雨，土壤便发生干裂。由于没有树木来保持土壤不流失，下雨时土壤便很快被冲走。频繁的滑坡损坏了道路、桥梁以及灌溉沟渠。耕地确实缓慢地在被侵蚀。

▲在雨量变化不定的地区，如图所示的山丘，会很快从干旱区变成泥土滑坡区。

耕地受损也能引起城市问题。不再以务农为生的家庭往往迁到城市去找工作。即使能找到工作，他们大多只能居住在不卫生的、过于拥挤的和通常是临时搭建的住房中。

亚马孙河流域森林破坏

（目前）

数百年来，南美洲亚马孙河一带的居民一直在开垦土地用于耕种。而20世纪以前，这样做的影响并不大，因为森林是如此广袤，而所开垦的土地面积又是如此之小。但是，采用现代化机械砍伐森林，既快又滥，决非手工所能比拟的。

同时，南美洲人口的增长使庄稼用地和畜牧用地的需求大为增加。农民迁入树木已被砍伐的土地。但过了几年，当土壤贫瘠时，他们又会迁往别处。

树木吸收二氧化碳而放出氧气，破坏树木意味着大气中二氧化碳的含量增加。这是“全球变暖”的原因之一，它最终将影响世界气候和我们所有人。

▲这里的树木已被伐去，以便用作居民点。附近建成的新柏油路，鼓励人们迁入该地区。

每分钟，全世界推土机清除掉的热带森林的面积，相当于200个足球场的大小。依照现在的这种破坏速度，亚马孙雨林将在400年以内完全消失。

▼在巴西东南部，大片的雨林被砍伐，以便铺设一条新的铁路。这将鼓励人们来附近地区定居。

酸雨

（目前）

当“化石燃料”——如煤和石油燃烧时，烟和气体便释放出来。工厂所产生的废气在大气中化合成硫酸和硝酸。这些化合物在云中积聚，由这些云所形成的雨往往降落在离污染源数百千米以外的地方，而且雨水中这类酸的含量很高。

树木通过根和叶吸收酸雨。酸雨使树根变形，并阻止树枝和幼芽发育，松树和其他常绿树丧失了针叶。最后，许多树木都死了。

英国、法国和比利时的工业区，在20世纪80年代释放了数百万吨硫化物到大气中。德国和斯堪的纳维亚诸国均为西南风盛行的地区，它们的森林、河流和湖泊都受到酸雨的严重损害。

▲这些奄奄一息的树木，表明了酸雨在德国的影响。同斯堪的纳维亚诸国一样，德国是受酸雨损害最严重的国家之一。

1984年，19个国家组成“百分之三十俱乐部”，一致同意在10年内削减硫化物排放量的百分之三十，以减轻酸雨的危害。但是，若干最严重的污染源国家，包括英国和美国，都拒绝加入该组织。

◀德国人称酸雨的影响为“森林死亡”。到20世纪80年代中期，“森林死亡”摧残了德国的一半森林，这些森林须重新栽培才能恢复。

非洲雨林滥伐

（目前）

一片广阔的热带雨林地带，在西非和中非延伸，为数千种动植物（包括居住在森林里的人类）提供了生存环境。雨林还为维持地球的生态平衡起了重要作用。森林中的水分蒸发到大气中，可将热带的水蒸气和热量扩散到世界较寒冷的地区。植物自空气中吸收二氧化碳，有利于调节世界各地的温度。

在西非，每年有3.5万平方千米的森林被毁坏。加纳的森林面积已从1960年的10.36万平方千米，减少到今天的仅1.5万平方千米。森林的硬木材被用于出口，被伐的林地改作农田，许多种动植物遭到了灭顶之灾。

人们不难理解滥伐是怎么一回事。出售硬木为这些国家赚取了急需的钱；西非人口的增长也需要耕地来生产粮食。但是，这些都是短期的收益，并以牺牲全世界的利益为代价。非洲森林的缩小，可能成为未来世界气候灾害的一个祸根。

▲位于西非雨林中的这一地带，原始植被只剩下少数碎木片及面目全非的孤零零的树木。

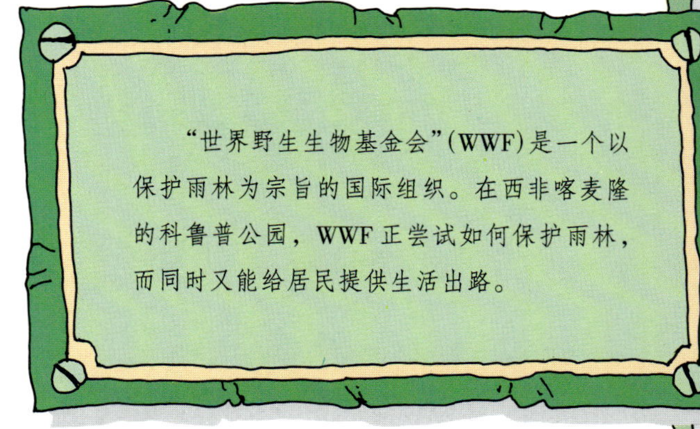

“世界野生生物基金会”（WWF）是一个以保护雨林为宗旨的国际组织。在西非喀麦隆的科鲁普公园，WWF正尝试如何保护雨林，而同时又能给居民提供生活出路。

◀在西非加蓬境内，一段段原木顺河漂流，然后被出售。加蓬的优质热带硬木能卖好价钱。

盐渍化

（目前）

盐渍化是指水灌地由于盐分积聚而缓慢恶化的过程。在世界上许多地区，土地惟有依靠从河流和溪流引水来进行灌溉的方式才能适合于农业。如果土地排水不畅而形成积水，水将土壤中盐分溶解,这样会伤害植物的根部。

在潮湿的天气里，雨水能将盐分冲走而不致造成伤害;但在干热地区,盐分一积聚就会产生伤害。

盐分积聚的危害足以严重到使作物枯萎而死。在有些地区,经多年沉积,盐分多到可以看见白色表层。这种土地往往不得不废弃，最后变为沙漠。不幸的是,这个问题在耕地稀少、人口众多而需要大量粮食的地区最为严重。

在伊拉克，有一半水灌地受盐渍化影响。在埃及和巴基斯坦，则有三分之一以上的水灌地受到影响。盐渍化在美国、中国、秘鲁、西班牙和澳大利亚等国的部分地区也成为日趋严重的问题。

▲这片埃及从前的农田，由于排水不良而发生盐渍化。现在这里实际上寸草不长。

世界上的粮食几乎有三分之一是在水灌地里生长出来的。一些科学家估计,因盐渍化而荒弃的水灌地，比按新的灌溉规划纳入使用的水灌地还要多。

◀在这块埃及的土地上，因为灌溉水没有排出，地表形成积水。最后,水遇热而蒸发,留下有害的盐分。

臭氧层

（目前）

臭氧层是存在于地球上空 16 ~ 48 千米平流层内薄薄的一层气体。因为它能吸收太阳光中杀伤力很强的光线，特别是紫外线，从而使生命有可能存在。

人造卫星上的仪器可以测量臭氧层的厚度和范围。观测证明，在南极上空臭氧层处出现日渐增大的“空洞”。如果到达地球的有害辐射增多，这对动植物的影响将是灾难性的。造成的后果之一是人类皮肤癌病例将会增加。

臭氧层发生变化的部分原因是由氟氯碳化物引起的，这类化合物常用于生产气雾剂、电冰箱致冷剂、干洗剂以及某些塑料。今天，许多制造商在产品中采用了各种对保护臭氧层有利的化学品。

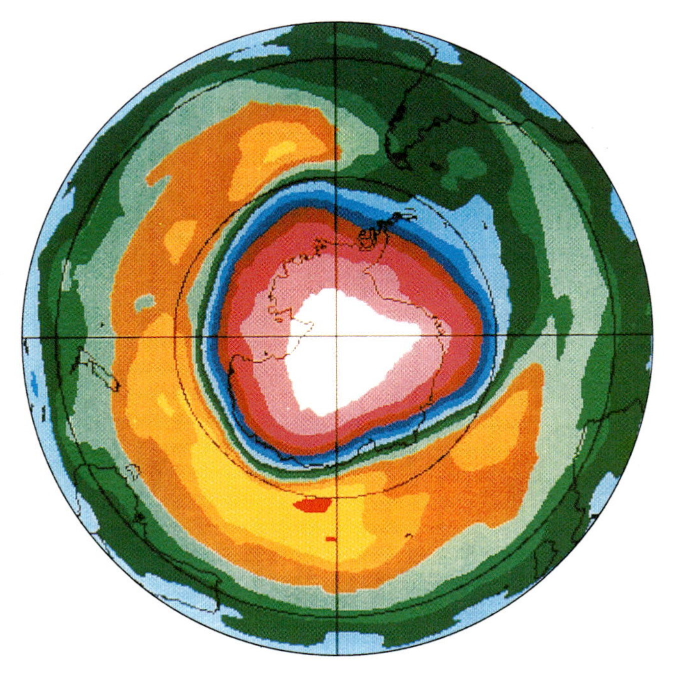

▲这幅地图显示的是臭氧洞。1986 年，那里的臭氧量仅是 30 年前的一半。

臭氧层已受到影响的不仅是在南极上空。1988 年，曾发现北半球上空臭氧层已比 20 年前要薄百分之三。这种变化足以使皮肤癌的病例增加。

▼由于臭氧层中空洞的存在，人们被劝告要戴上遮阳帽和涂上防晒霜。

泰湾大桥坍塌

（1879 年）

泰湾大桥是伦敦至阿伯丁铁路干线上的一座桥梁，跨越苏格兰东海岸的泰湾。第一座泰湾大桥长 3.25 千米。1878 年 5 月通车时，它是世界上最长的桥。

1879 年 12 月 28 日晚 7 时许，大桥南端的两名信号员注视着一列开往邓迪的邮车从面前飞驶而过。当时正刮着大风。他们俩在观察时，发现桥的中部飞溅出一阵火花，接着是一道很亮的闪光，然后就漆黑一片了。

他俩不顾恶劣的天气，往下奔到岸边，想查明究竟发生了什么。借着从云间透出的一晃而过的月光看去，桥的中段不见了，火车连同它的 79 名乘客消失在港湾的水面下。

经调查发现，该桥在工程设计上出了错，并找出了事故责任者——大桥设计师托马斯·鲍奇爵士。他成了这次灾难的第 80 个牺牲品。调查报告发表后不久，他便死去了。

托马斯·鲍奇爵士已经设计好苏格兰东部另一港湾——福斯湾的铁路桥，幸好它没有动工。据后来计算表明，他所设计的铁路桥抗风强度只有应有强度的十二分之一。经重新设计后，福斯湾的铁路桥于 1890 年竣工通车。

▼在泰湾大桥坍塌后，潜水员潜入水中试图寻找失事火车。他们已无法救出任何一位乘客。

“泰坦尼克号”客轮沉没

（1912 年）

人们都说“泰坦尼克号”是不会沉没的。这艘当年在水上航行的最大客轮，在甲板下建有水密舱。即使这些水密舱中有 3 个进了水，客轮仍然能浮在水面上。

1912 年 4 月 11 日，“泰坦尼克号”从英国南安普敦港出发驶往纽约，开始了她的处女航。船上有 2224 人，包括船员 800 人。“泰坦尼克号”向西行驶，一连三天三夜，安全无事。

到第 4 天的半夜左右，在纽芬兰海岸外，“泰坦尼克号” 在全速行驶时与一座巨大的冰山碰撞。在甲板下面，“泰坦尼克号” 的水密舱有 6 个破裂，海水涌入舱内。想不到的事竟发生了——“不沉之船”正在慢慢地沉下去。

▲当“泰坦尼克号”在纽芬兰海岸外与冰山相撞时，人员开始撤离该船。但由于救生艇不够，乘客惊慌失措。最终随着船尾翘起，船身滑向大西洋底，1513 人与船一起沉没。

1985 年，即“泰坦尼克号”沉没 70 多年后，水下勘探队查明了沉船位置并开始勘探。沉船打捞计划没有实现。许多人认为，“泰坦尼克号”应当留在那里以纪念死者。

昆廷希尔火车相撞

（1915年）

1915年5月22日早晨，英格兰和苏格兰间的西海岸铁路很繁忙。在交界附近的昆廷希尔站，有3列火车正在等待通行信号，其中一列车停在干线的上行轨道上，另两列车停在会车线上。第4列火车是运兵专列，正在上行轨道上向南行驶。

约在6时45分，军车以每小时110千米以上的速度猛撞停在上行轨道上的那列火车。失事列车的碎片散落在两条轨道上。一分钟后，自伦敦开来的快车猛烈地冲入残骸堆中。大约有227人丧命，250人受伤。

这是英国铁路史上最严重的事故。它的起因是，一名信号员忘记了有一列火车停在上行轨道上而发令允许军车继续前驶。

▲铁路线附近的田地被用作临时医院。在火车出事后，受伤者立即被安放在软垫上。

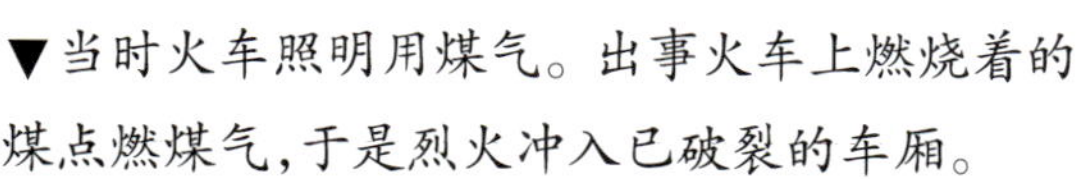

▼当时火车照明用煤气。出事火车上燃烧着的煤点燃煤气，于是烈火冲入已破裂的车厢。

第一次铁路事故是在1830年英国的利物浦到曼彻斯特铁路通车时发生的。遇难者是威廉·赫斯基森，他是英国议会议员，前任内阁大臣。当他站在轨道上谈话时，著名的“火箭号”机车将他撞倒。他于当晚死亡。

“R101 号”飞艇坠毁

（1930 年）

20 世纪 20 年代，有翼飞机航程很短，并且载客很少。但是飞艇是用一个悬吊在充气的气球下面的分隔舱来载客的（参见 103 页照片），有些人认为它就是将来的载客飞机。

1919 年，在一架英国飞艇进行了两次横渡大西洋的飞行后，一次从英国到印度的直达飞行便开始筹划起来。一架大型新飞艇“R101 号”建成了。

1930 年 10 月 4 日，“R101 号”从伦敦出发，舱内载有 53 名乘客。它在向东南方向飞越英吉利海峡时遇到强风。突然，在巴黎西北的博韦附近，“R101 号”又遇到了更强的雷暴。飞艇头部翘起，接着就冲向地面。

▲在“R101 号”飞艇坠毁现场，一个大型引擎仍清晰可见。

当飞艇坠入森林时着了火，火焰升至 90 米高空。仅有 5 人生还。

这次事故使英国人大为震惊，英国政府因此决定取消飞艇计划。

在 20 世纪 30 年代，飞艇的气袋是用氢气充入的，而氢气很容易着火，这就是许多飞艇出事的原因。有些航空工程师认为，飞艇可用不易燃的氦气。飞艇可用来在世界各地运输货物，因此它仍有前途。

“兴登堡号”飞艇事故

（1937年）

在“R101号”飞艇坠毁（参见102页）以及1933年美国飞艇“阿克伦号”失事以后，只有德国继续建造载客用飞艇。

1936年，德国飞艇“兴登堡号”进行了其数次横越大西洋飞行中的第一次。这架飞艇长240多米，是当时所造的最大飞艇。乘客坐在非常舒适和设备豪华的机舱内，以每小时290千米的速度飞行。

“兴登堡号”的设计师胡戈·埃克纳曾要求飞艇的“气球”用较氢气为安全的氦气充气。可是氦气只有美国在生产，而美国人又怕如果向德国供应氦气，德国可能用它来制造武器，这个决定真是关系重大。

1937年5月6日，“兴登堡号”从德国飞抵美国新泽西州，准备在莱克赫斯特的碇泊塔降落。大约下午7时30分，飞艇突然起火（据文献记载，大火是由大气中的静电点燃外泄的氢气而引起的——译注），许多乘客被火焰吞没，36人不幸罹难。

▲“兴登堡号”曾成功地进行过10次横越大西洋的飞行，将法兰克福旅客运送到新泽西州的莱克赫斯特。上图为该飞艇在飞往莱克赫斯特途中经过纽约市摩天大楼上空的情景。

“兴登堡号”的失事终止了德国的飞艇计划，后来所建的少数飞艇（大多属于军用飞艇）不再使用氢气。它结束了飞艇豪华飞行的一个篇章。

“兴登堡号”惨案给美国公众以强烈印象，因为无线电台记者在飞行现场以直播方式报道了飞艇抵达情况。飞艇着火时，记者的恐惧直接感染了千百万美国家庭，这是首次在目睹事故发生时进行的无线电报道。

▶当“兴登堡号”飞艇距离莱克赫斯特碇泊塔几米远时，它很快变成了一团橙色火球。

英国海军潜艇“忒提斯号”事故

（1938 年）

1938 年 6 月 1 日星期四，上午 9 时 30 分刚过，一艘英国皇家海军新下水的潜艇“忒提斯号”，从利物浦港启程，进行它的最后一次海上试航。潜艇内有 53 名船员和数量大致相同的宾客、工程师以及观察员。

下午 1 时 40 分，“忒提斯号”开始它第一次，也是最后一次潜水。它计划在 3 小时后重新回到水面。

大约在下午 4 时，“忒提斯号”发射出一颗遇难信号弹，但没有人看见。又过了两小时，才开始搜索潜艇。但“忒提斯号”的位置直到第二天早晨才被发现。后来有 4 位幸存者浮出水面。

经查明，“忒提斯号”潜水时，它的一只鱼雷发射管仍然开着，水流了进去。一位军官不知道这情况，打开了发射管的内门，水便涌入潜艇内。艇内的人除了 4 名逃出以外，其他人只好随着艇内空气变稀和水位上升而慢慢死亡。

6 月 3 日下午，英国海军部宣布，已经没有找到其他生还者的希望。

“忒提斯号”在第二次世界大战爆发前夕沉没在浅水区内。那时，潜艇的船壳太宝贵了，不能浪费。它在 1940 年 10 月被打捞上来，经改建后再次下水。英国海军潜艇“雷电号”的情况也同样如此。它是在 1943 年沉没在地中海的，成为英国在第二次世界大战中所丧失的 88 艘潜艇之一。

▼“忒提斯号”在它发生事故的第一次潜水前，曾在造船厂作过彻底检测。

巴黎空难

（1974年）

1974年3月3日，土耳其航空公司DC—10班机自巴黎飞往伦敦。起飞后仅几分钟，这架飞机焚毁后的残骸，就落在巴黎以北埃尔蒙维尔森林里。机上346名乘客和机组人员全部罹难。

目击者看到该机朝埃尔蒙维尔森林快速低空飞行，直到它在一团大火中被毁成碎片。燃烧着的残骸沿着树林划出了一条1.5千米长的痕迹。

搜索人员后来发现，并非全部残骸都落在森林里。他们在11千米外又发现了其他碎片和尸体。调查工作证明，飞机货舱舱门在半空中被吹开，引起DC—10坠毁，其中有些人被吸出飞机外。

▲不同教派的牧师参加了土耳其航空公司DC—10空难中35名死难者的葬礼。当时这次空难被称为“世界上已知的一次最惨的空难”。

宽体的麦道DC—10飞机拥有3台涡轮发动机，每个机翼下面安装一台，第3台安装在飞机的尾部。1974年，全世界航空公司约有130架DC—10飞机在营运中。

特内里费岛机场两机相撞事故

（1977 年）

1977 年 3 月 27 日，一架美国泛美航空公司波音 747 飞机，获准从加那利群岛特内里费岛上的国际机场起飞。它驶上了机场的主跑道。可是，当驾驶员发现前面的跑道上另有一架荷兰皇家航空公司的波音 747 飞机时，已为时太晚。

正在滑行的泛美航空公司喷气式飞机由于不能及时刹车，撞上了荷兰皇家航空公司的波音 747 飞机，使荷兰飞机上 248 人全部罹难。两架飞机机翼下满载的油箱爆炸起火。泛美公司的飞机上有 70 人死里逃生，但大多数遭到严重烧伤。死亡总人数为 574 名。

这次悲惨事故是混乱所造成的，起因是加那利群岛的另一大岛——拉斯帕尔马斯岛的机场发生了一起炸弹爆炸。由于这一紧急情况，这两架巨型喷气式客机都被转移到特内里费岛。

▲遇难者的个人财物堆在特内里费岛机场的跑道上。这次两机碰撞是航空史上最惨的事故之一。

在接着发生的混乱中，荷兰皇家航空公司喷气式客机的驾驶员未经机场空中交通管制中心许可，擅自起飞。

大型波音 747 飞机在 1970 年初次出现，到 1973 年已有 220 架投入正常营运。波音 747 飞机能载 500 名乘客，每小时飞行速度为 960 千米。

▼西班牙军人协助清理两架飞机的残骸，那时还没有找到任何幸存者的希望。

“挑战者号”航天飞机失事

（1986年）

1986年1月28日中午，数百万美国人端坐在电视机前，观看“挑战者号”航天飞机的发射情景。

这是航天飞机第25次飞行，但这一次非同寻常。在机上有7人——5男2女，包括克里斯特·麦考利夫，她是一位小学教师，志愿参加美国政府的“公民航天”计划。她的丈夫和孩子们，以及其他机组人员的家属，也都坐在电视机前观看电视转播。

“挑战者号”升空后只过了73秒钟，观看者就看到了爆炸，他们的笑容顿时化为恐惧的哭声。毫无挽救机组人员的希望。

这次事故是由于一个助推火箭的密封装置出现故障而引起的。航天飞机升入天空后不久，泄漏出的燃料便着了火，火焰很快就扩散到了主燃料舱。

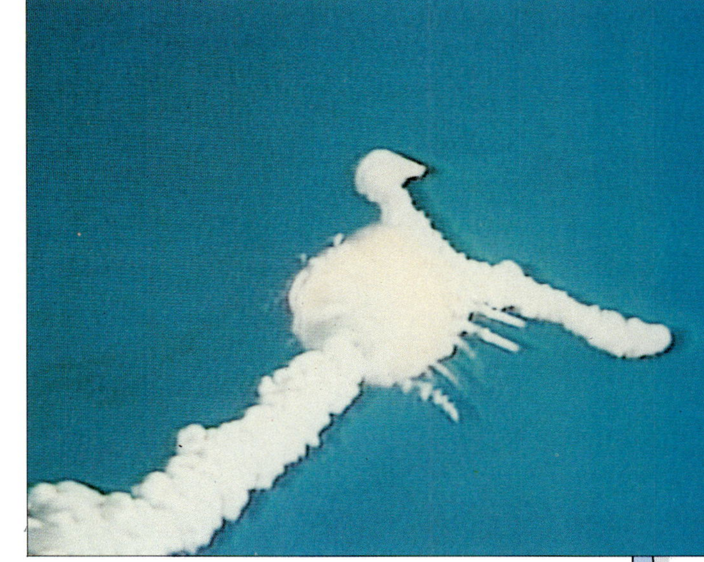

▲“挑战者号”以约3200千米的时速飞行，爆炸后成为一个火球。航天飞机的残骸落在大西洋中，后来被美国海军潜水员打捞出来。

“挑战者号”的7位机组人员是美国航天计划中第一批死于空中的罹难者。1967年，有3位美国宇航员死于发射台上，当时他们的航天器尚未升空就着了火。

▼“挑战者号”在卡纳维拉尔角发射台上空116千米高处发生了爆炸。

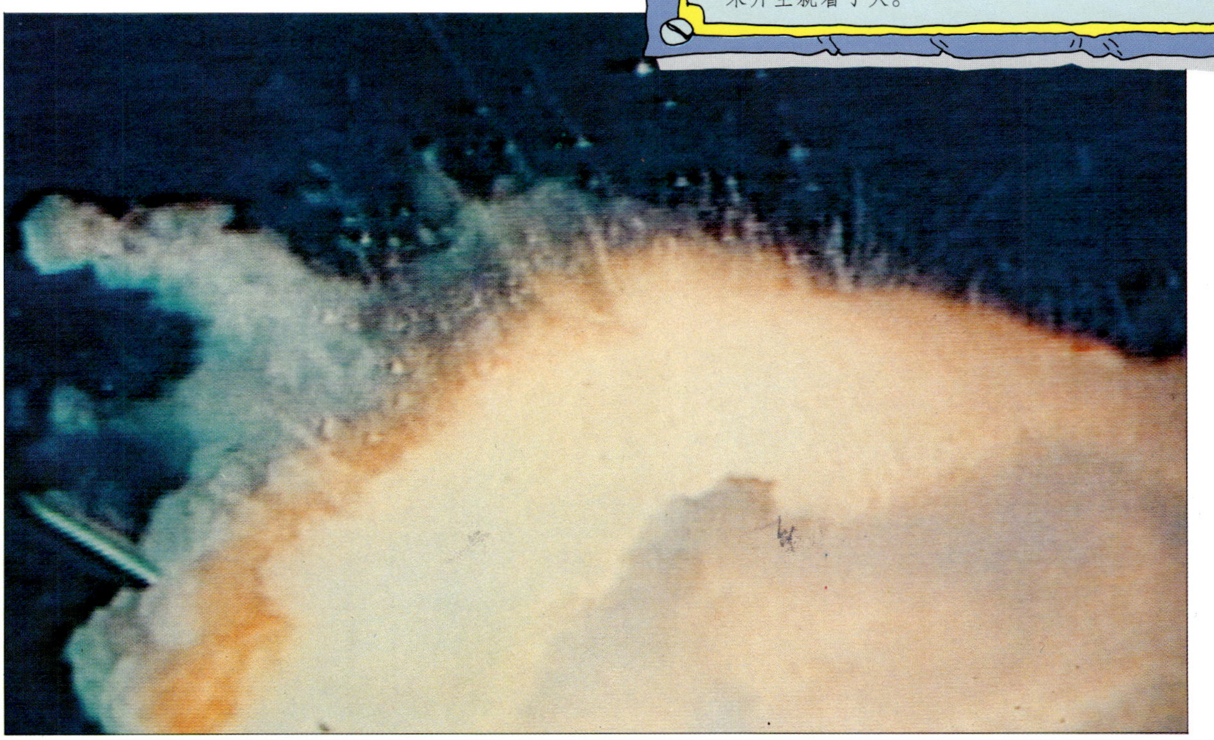

菲律宾渡船与油轮相撞事故

（1987年）

1987年12月21日，“多纳·帕斯号”渡船从菲律宾的塔克洛班港出发，满载着乘客前往马尼拉去度圣诞节。

这是一个没有月亮的黑夜，但是天气很好。当“多纳·帕斯号”驶至离目的地只有几小时的航程时，它在凌晨的黑暗中与油轮“维克多号”相撞。两船爆炸形成了一个大火球，着火的油突然在海面上燃烧起来。两艘船几乎同时沉了下去。

没有人会知道那天夜里有多少乘客死亡。“多纳·帕斯号”乘客名单上约有1550人，但船上的实际人数比这个数目要多得多，可能有4000人。

“多纳·帕斯号”失事，无疑是世界上曾发生过的最悲惨的航运事故之一。

▲在“多纳·帕斯号”沉没后，当地人从水里捞出了许多尸体。尸体数目表明，渡船可能搭载了它注册时所容许乘客数目的两倍。

菲律宾群岛周围是世界上最危险的水域，因为那里航道拥挤，而且时常发生强烈风暴。据报道，在1972年~1987年间，曾在该地区发生过80起撞船和117起沉船事故。

▼一艘菲律宾海军舰艇在出事区域搜索，寻找幸存者。它没有找到一个人，但另一艘船舶救起了26人。

波罗的海渡船沉没

（1994 年）

1994 年 9 月 28 日上午 7 时，滚装滚卸式渡船“爱沙尼亚号”从爱沙尼亚首都塔林启航。它将花 12 小时渡过波罗的海后，抵达瑞典的斯德哥尔摩。

船舶航行了 90 分钟后便驶入了波涛汹涌的大海，但它仍以全速继续行驶。许多乘客都已入睡。

4 个小时后，船上有一位工程师察觉到水正从船头涌入。于是，船员们赶快将水泵开动起来，但它们的功率不足以把正在涌入的水全都抽出去。

大约在凌晨 2 时，“爱沙尼亚号”因承受不住船内水的重量，绝望地倾覆了。至少有 910 人被淹死，其中大多数是瑞典人。

▲当船的前门在风暴中突然脱落时，灾难便发生了。渡船发生了倾覆，乘客们纷纷逃到小型救生筏上。

由于波罗的海渡船失事，工程师们重新评估滚装滚卸式渡船的设计，以便使这种船舶如遇下层甲板进水可以保持较为稳定。

▼军用直升飞机里的抢救队员尽力将所能找到的幸存者救上来。

百大自然奇观
百大人工奇观
百大探险家
百大考古发现
百大奇异动物
百大发明
百大灾难
百大医学发现